重庆文理学院学术专著出版资助

乌吉串联反应合成氮杂环化合物

雷杰 徐嘉 著

北 京

冶 金 工 业 出 版 社

2022

内 容 提 要

本书的内容围绕异腈的多组分反应构建底物的合成，通过对其底物的官能化位点的引入，对乌吉串联反应合成氮杂环化合物进行了研究；并结合最新的研究成果，逐一分析氮杂环丙烷、马来酰亚胺、吲哚衍生物和哌嗪酮的设计思路、合成步骤及其结果分析。

本书可供从事有机化学、药物化学和生物医学等相关专业的技术人员阅读，也可供化学专业的师生参考。

图书在版编目 (CIP) 数据

乌吉串联反应合成氮杂环化合物/雷杰，徐嘉著 . —北京：冶金工业出版社，2022. 1

ISBN 978-7-5024-9029-4

Ⅰ. ①乌… Ⅱ. ①雷… ②徐… Ⅲ. ①氮杂环化合物 Ⅳ. ①O626

中国版本图书馆 CIP 数据核字 (2022) 第 013945 号

乌吉串联反应合成氮杂环化合物

出版发行	冶金工业出版社	电 话	(010) 64027926
地 址	北京市东城区嵩祝院北巷 39 号	邮 编	100009
网 址	www.mip1953.com	电子信箱	service@ mip1953.com

责任编辑 夏小雪 张 丹 美术编辑 燕展疆 版式设计 郑小利
责任校对 石 静 责任印制 李玉山
三河市双峰印刷装订有限公司印刷
2022 年 1 月第 1 版，2022 年 1 月第 1 次印刷
710mm×1000mm 1/16；13.5 印张；209 千字；203 页
定价 72.00 元

投稿电话 (010) 64027932 投稿信箱 tougao@cnmip.com.cn
营销中心电话 (010) 64044283
冶金工业出版社天猫旗舰店 yjgycbs.tmall.com
(本书如有印装质量问题，本社营销中心负责退换)

前　言

在现代有机合成中，乌吉反应及其串联反应具有原子经济性、结构多样性、区域选择性、立体选择性和化学选择性等优点，具有极高的成键形成指数，因此对于合成氮杂环化合物具有非常重要的作用，吸引了广大化学家的关注。本书围绕异腈四组分反应，即乌吉多组分反应，高效构建类二肽骨架，并以此为基础，构建乌吉串联反应合成氮杂环的新方法，进而合成氮杂环丙烷、马来酰亚胺、嘧啶酮、异吲哚酮、哌嗪酮类化合物。该类乌吉串联反应的合成方法学可为研究其药理活性，提供有效的合成策略和实验基础。此外，本书中的化合物结构解析为复杂的氮杂环化合物的结构鉴定提供了合理的参考数据。

氮杂环丙烷及其相关氮杂环化合物的合成研究，是以乌吉加合产物为基础，借助微波辅助合成技术，高效构建氮杂环化合物的方法。当以 1,8-二氮杂二环十一碳-7-烯为催化剂时，成功合成 12 个吡咯啉酮类化合物，产率为 56%~78%。当以三乙醇胺为催化剂时，使用相同的乌吉加合产物，通过乌吉串联反应实现了 11 个氮杂环丙烷并吡咯烷酮类化合物的合成。调控反应的碱性条件为三乙胺时，经过分子内的 C—C 键断裂，获得 9 个氮杂环丙烷类化合物。随后，以氨茴酸甲酯替换芳胺为乌吉应胺源时，在 1,8-二氮杂二环十一碳-7-烯的作用下，16 个吲哚啉酮并嘧啶酮类化合物被成功分离。

对于吲哚衍生物的合成研究，首先通过三组分的乌吉反应，合成加合产物。在酸性条件下，通过分子内的酰胺化，高效地合成了 6 个异吲哚啉酮类化合物。对羰基来源官能化后，以邻甲酰基苯甲酸甲酯作为羰基来源，构建无酸参与的三组分乌吉反应，借助乌吉串联反应的高效性，成功将反应原料转化为对应的异吲哚啉酮类衍生物。与此同时，将异腈替换为 N-叔丁氧羰基-邻胺基苯基异腈或 TMSN$_3$ 作为酸性组分的来源，在一锅法的乌吉串联多米诺策略下，通过新的 C—N 键的形成，可以顺利合成苯并咪唑-异吲哚啉酮和四氮唑-异吲哚啉并苯并咪唑的复杂化合物结构。

哌嗪酮类化合物的合成研究，以炔丙胺、羧酸、异腈和芳香醛为起始原料，在室温条件下获得乌吉加合产物。借助乌吉串联反应，在强酸条件下，炔烃部分转化为联烯中间体。并且在该过程中，羧酸部分在构建乌吉反应中参与，在环化过程离去，因此该反应的底物拓展对于羧酸没有任何限制，大大提高了该反应的底物适用性。在微波条件下，成功一锅法合成了 12 个哌嗪酮类化合物，收率为 65%~78%。

通过四类氮杂环化合物的合成研究，获得 78 个结构新颖的氮杂环化合物。对于氮杂环丙烷类化合物及其结构复杂的吲哚啉酮并嘧啶酮，借助于单晶衍射，进一步确定了其立体构型，也为该类化合物的进一步应用，提供了较好的数据支撑。此外，本书中的化合物利用 ^{1}H NMR、^{13}C NMR、HRMS 对其结构和分子量进行逐一鉴定。

本书的出版获得"重庆文理学院人才引进项目（R2021FYX05）"和"重庆文理学院学术专著资助计划"的大力支持。李雪博士参与了本书第 5 章——化合物合成实验方法的编写、排版和校样工作；徐嘉在文献调研方面做了很多辅助工作。此外，本书在内容架构上和撰写方面，得到了陈中祝教授、徐志刚教授和唐典勇教授的悉心指导，作者在此表示由衷感谢。

由于作者水平有限，书中不妥之处在所难免，敬请广大读者批评指正。

作　者

2022 年 1 月

本书符号说明

Bn　苄基

DABCO　1,4-二氮杂二环［2.2.2］辛烷

DBU　1,8-二氮杂二环十一碳-7-烯

DCE　1,2-二氯乙烷

DIPA　二乙醇胺

DIPEA　N,N-二异丙基乙胺

DMAP　4-二甲氨基吡啶

DMSO　二甲基亚砜

DMF　N,N-二甲基甲酰胺

HRMS　高分辨质谱

c-Hex　环己基

PPOA　苯基膦酸

TEOA　三乙醇胺

TFA　三氟乙酸

THF　四氢呋喃

p-TsOH　对甲基苯磺酸

TLC　薄层色谱

目 录

1　绪　　论

1.1　乌吉反应概论

多组分反应（multicomponent reaction，MCR），是以 3 种或 3 种以上的物质为起始原料，直接获得目标分子，而原料片段都在目标产物中一一体现的合成方法。相比于两组分的反应，多组分反应可以通过依次简单地变换起始原料，得到结构不同的目标产物。与此同时，多组分反应不仅具有原料廉价易得的特点，并且后处理简单，无需中间体的分离，就可以获得结构复杂的化合物。同时多组分的合成方法符合当代可持续发展和"绿色化学"的基本理念，充分体现出原子经济性的特点。因此，多组分反应为高效合成复杂的杂环化合物开辟了新的合成思路。

多组分反应基本上可以分为两大类，非异腈多组分反应和异腈参与的多组分反应。基于异腈的多组分反应作为多组分反应的一个重要分支，在构建活性杂环化合物方面具有明显的优势[1~5]。异腈的化学反应起源于 1838 年，此后一百多年，由德国化学家 Ivar Karl 乌吉发现基于异腈的反应：通过 3 个简单起始原料：2,6-二甲基苯基异腈、多聚甲醛、二乙基胺，利用一锅法的合成思路，高效合成利多卡因(麻醉剂)（如图 1-1 所示）[6]。

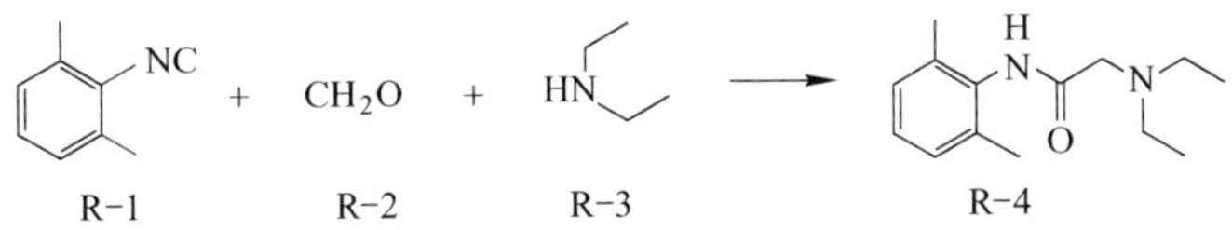

图 1-1　基于异腈的多组分合成利多卡因

在 1959 年，Ivar Karl 乌吉首先报道了四组分的乌吉反应(U-4CR)，以一分子醛或酮、一分子胺、一分子异腈以及一分子羧酸为基本原料，经过缩合反应生成 α-酰氨基酰胺的乌吉加合物(如图 1-2 所示)[7,8]。

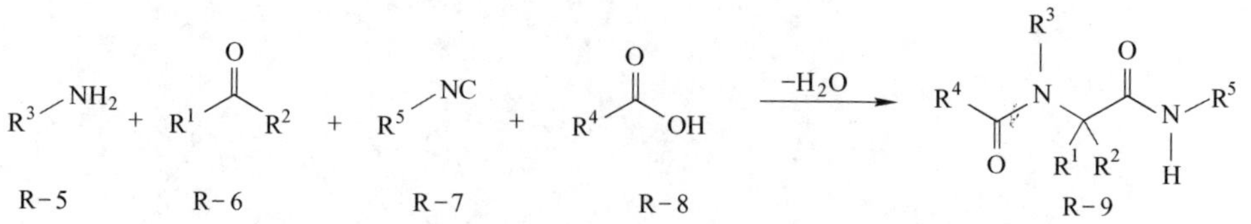

图 1-2 U-4CR 反应路线

四组分乌吉反应机理如下（如图 1-3 所示）：胺 R-5 与醛 R-6（或酮）在甲醇溶剂中，形成亚胺中间体 R-10。之后亚胺被羧酸 R-8 质子化，分别对应的中间体 R-12 和 R-11。异腈与被质子化的亚胺发生反应，得到中间体 R-14。通过分子间的电子转移，将羧酸氧负离子对异腈的碳原子发生亲核加成反应，形成羧酸亚胺醇酯的结构 R-15。根据 Mumm 重排反应的机理，羧酸亚氨基醇酯发生 1,3（O—N）酰基转移，从而 R-15 经过重排反应转化为对应的乌吉加合产物 R-9。

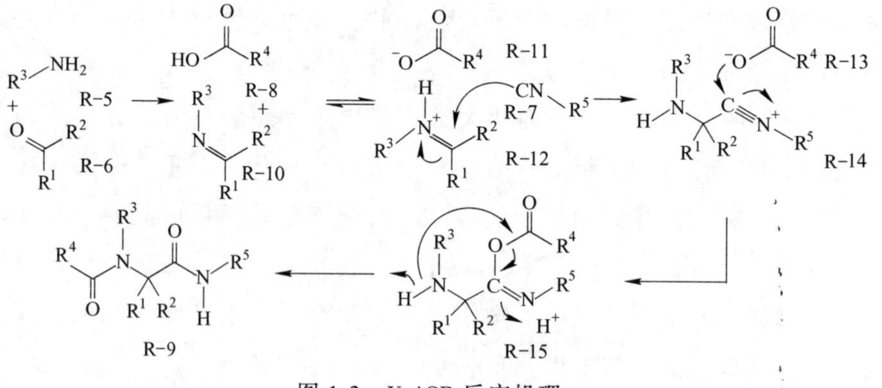

图 1-3 U-4CR 反应机理

乌吉反应官能团兼容性强，因此可以根据其起始原料的简单变化，得到含有多种官能团或反应位点的乌吉产物的结构或者通过乌吉反应的二次反应（乌吉串联），进而经过一系列的分子内反应，最终合成结构复杂的氮杂环化合物。由于杂环化合物在自然界、生物医药、染料、材料等领域都具有十分重要的应用。所以，根据乌吉反应独有的特点，开发乌吉串联反应构筑优势氮杂环化合物具有非常重要的意义。其中，乌吉串联反应大致可以分为两类，金属催化的乌吉串联反应和非金属催化的乌吉串联反应。

随着环保观念的深入人心，环保意识的逐渐增强，绿色化学的观念给有机化学家们提出了更高的要求。因此使用更为环保的反应试剂，已经势在必行，同时也符合有机化学发展的基本规律。高效地构建无金属催化的反应，在一定程度上减少了污染大试剂的应用。基于前期的研究内容，我们课题组致力于开发无金属催化的乌吉串联反应，简单高效地合成了一系列氮杂环化合物，并且这些化合物都具有潜在的药用价值，因此该合成方法为高通量筛选活性新型候选药物提供了有效的理论基础。鉴于此，我们继续以乌吉反应来合成起始原料，实现无金属催化的乌吉串联反应合成优势结构的氮杂环化合物。本章将重点综述氮杂环丙烷、吲哚类化合物、哌嗪酮和色酮等杂环化合物的研究进展。

1.2 合成氮杂环丙烷的研究

三元杂环化合物，特别是氮杂环丙烷，是一类非常具有优势的结构，在天然产物、药物和活性分子中广泛分布（如图 1-4 所示）[9~11]。丝裂霉素（mitomycin）家族作为一类非常特殊的天然产物，在其结构中都包含氮杂环丙烷的基本单元结构，在 1956 年，R-16 和 R-17 由日本科学家 Hata 从泥土样品的头状链霉菌中分离得到。此后由 Webb 课题组通过单晶衍射的方法，进一步对其结构进行确定。在此后，从头状链霉菌中相继分离出 R-18、R-19 和 R-20。

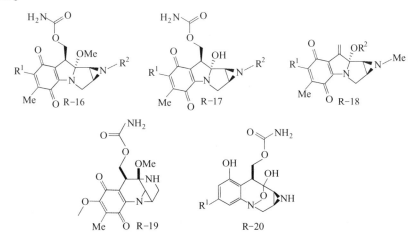

图 1-4 丝裂霉素家族的天然产物

1.2.1　文克法合成氮杂环丙烷的研究

氮杂环丙烷为最小单元的氮杂环化合物，结构上具有天然的优势。因此开发简单而有效的合成方法，来构建此类化合物一直是化学家们的动力。在1935 年，Henry Wenker 首次发现合成氮杂环丙烷的方法，即文克法。该合成方法是一个两步反应，首先是含有乙醇胺的底物 R-21 在硫酸的高温作用下，生成对应的磺酸盐，然后再通过氢氧化钠夺去胺上的质子，磺酸根作为离去基团，发生分子内亲核取代反应，而得到氮杂环丙烷类化合物 R-22（如图1-5所示）[12~14]。

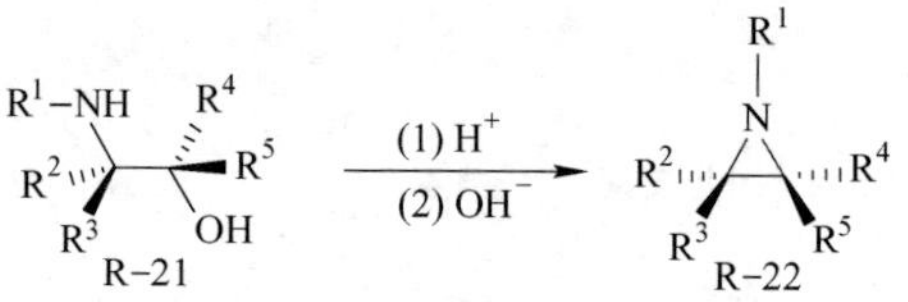

图 1-5　文克法合成氮杂环丙烷

2001 年，Vilarrasa 课题组等人对文克法构建氮杂环丙烷的方法做了进一步的修饰（如图 1-6 所示）[15]。该课题组以氨基醇类化合物 R-23 为底物，在碱性条件下，以硝基苯磺酰氯保护胺基和醇羟基，形成中间体 R-24。然后在氢氧化钾的作用下发生环合反应，最终得到氮杂环丙烷衍生物 R-25。

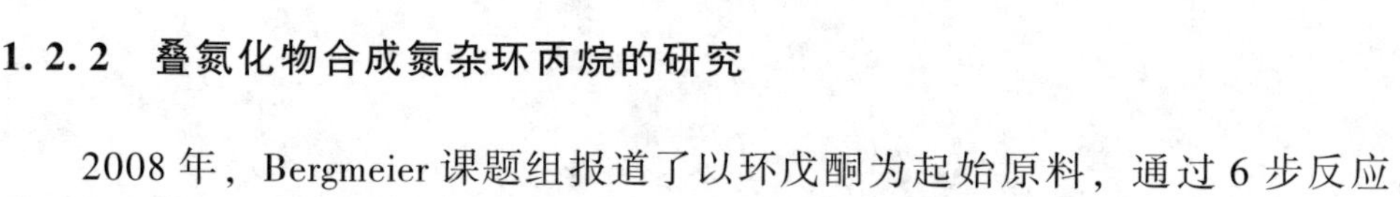

图 1-6　改进的文克法合成氮杂环丙烷类化合物

1.2.2　叠氮化物合成氮杂环丙烷的研究

2008 年，Bergmeier 课题组报道了以环戊酮为起始原料，通过 6 步反应，合成了氮杂环丙烷类化合物（如图 1-7 所示）[16]。首先，环戊酮 R-26 分别在格式试剂和硫酸的反应条件下，合成 1-苯基环戊烯 R-27。环戊烯在臭氧的氧化作用下，发生开环反应，得到苯甲酰基羧酸酯的结构 R-28。通过叶立德反应，得到含有烯烃结构的羧酸甲酯 R-29。在强碱的作用下，羧酸酯通过环合反应获得环氧丙烷 R-30。在微波的辅助作用下，环氧丙烷发生开环反应，获得氮杂环丙烷的前驱体 R-31。此后，在三苯基膦和乙腈的混合体系中，含有叠氮基和醇羟基的化合物在还原性条件下得到氮杂环丙烷 R-32。

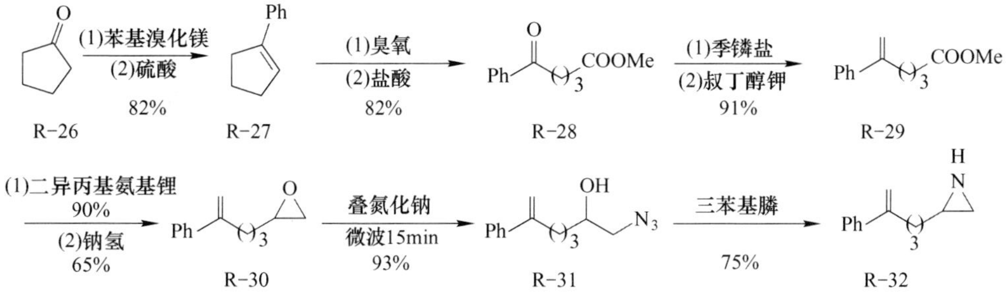

图 1-7   以叠氮化物为原料，多步合成氮杂环丙烷

2011 年，Jenkins 课题组以碘化亚铁和四齿卡宾为原料，获得了铁的四齿卡宾络合物。此后，该研究小组考察了该催化剂对于合成氮杂环丙烷的效果（如图 1-8 所示）[17]。通过条件优化，作者发现在 1%（摩尔分数）的铁配合物的催化下，芳基叠氮 R-33 与烯烃 R-34 能够实现氮杂环丙烷 R-35 的合成，最终合成了 5 个氮杂环丙烷化合物，收率为 20%~75%。此外，对该催化剂做了回收套用，发现经三次套用后，该催化剂的活性没有明显的降低，从而进一步证明铁四齿卡宾催化剂的高效性。

图 1-8   二价铁催化氮杂环丙烷的合成

2012 年，Bräse 课题组基于对铁的四齿卡宾配合的研究，开发了二价铁催化剂合成多取代氮杂环丙烷的合成方法（如图 1-9 所示）[18]。该研究小组选取芳基叠氮 R-36 和烯烃类化合物 R-37 为起始原料。叠氮化物在二价铁的卡宾配合物的作用下，脱去一分子氮气，在原位被还原为芳胺中间体，二价

铁则被氧化为四价铁。烯烃与四价铁的活性中间体作用，实现分子间的N—H键插入，最终获得多取代的氮杂环丙烷类衍生物 R-38。在最优的反应条件下，作者合成了 7 个目标产物，收率为 20%～97%。

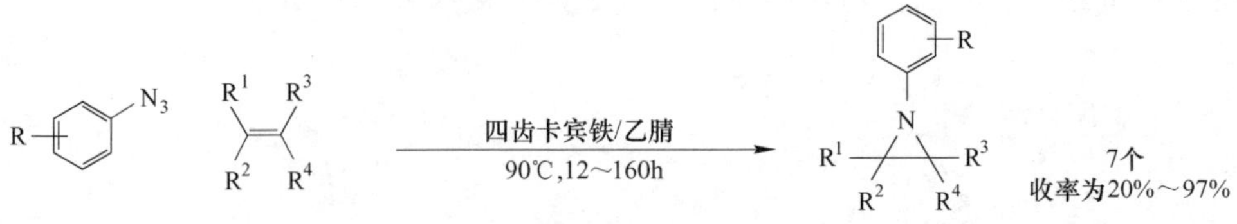

R-36　R-37　R-38

图 1-9　铁催化多取代氮杂环丙烷的合成

在合成氮杂环丙烷化合物的体系中，大多数是在过渡金属催化剂的作用下，以芳基叠氮化物为氮卡宾前体，芳基叠氮与烯烃发生“C2+N1”环加成反应获得目标产物。含氟化合物具有其独特的性质，在医药、材料和农用化学品中广泛分布。而含有氟芳基叠氮化物，较容易制备。根据文献调研发现，苯乙烯衍生物 R-39 与含氟的芳基叠氮 R-40 作为底物合成氮杂环丙烷的方法尚未有报道。2013 年，Peter Zhang 课题组开发了钴的卟啉催化剂应用于合成氮杂环丙烷 R-41 的新方法(如图 1-10 所示)[19]。在最优的反应条件下，该研究小组考察了含氟芳基叠氮化物用于合成氮杂环丙烷的有效性，最终合成了 30 个含氟的氮杂环丙烷化合物。其中，反应底物包含全氟取代的芳基叠氮和全氟取代的吡啶叠氮化物，并且使用吸电子或给电子的苯乙烯类衍生物，都有很好的反应效果，收率为 52%～99%。

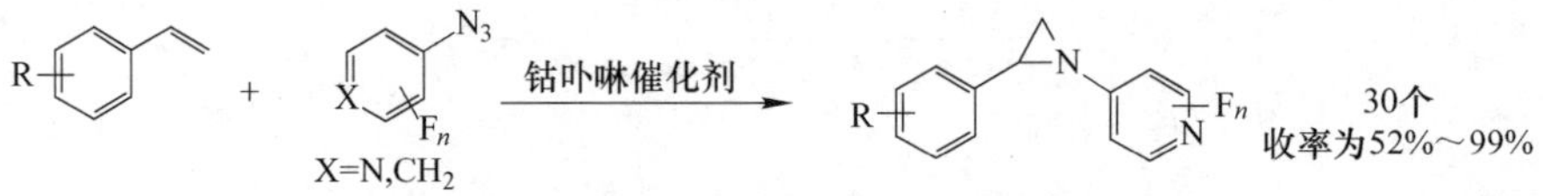

R-39　R-40　R-41

图 1-10　钴催化的氮杂环丙烷的合成

在 2016 年，Yoon 课题组以三氯甲基叠氮酸盐为氮卡宾的前驱体，通过光催化环己烯 R-42 与有机叠氮化物 R-43 实现了氮杂环丙烷化合物 R-44 的合成（如图 1-11 所示）[20]。叠氮羧酸酯是一类重要的氮卡宾的前驱体。作者利用可见光和金属铱配合物的共同作用下，叠氮类化合物形成氮卡宾中间

体。然后该卡宾类化合物与烯烃加成，形成氮杂环丙烷衍生物，最终获得了
20 个化合物，收率为 61%~91%。

图 1-11　光催化合成氮杂环丙烷衍生物

1.2.3　以吡啶氟硼酸盐为底物构建氮杂环丙烷的研究

Xu 课题组等人以苯乙烯衍生物与吡啶的氟硼酸盐为底物，通过在光催化
反应实现了氮杂丙烷化合物的合成。有意思的是，该研究小组发现通过对溶
剂的调控，可以实现不同目标化合物的合成。以二氯甲烷为溶剂，以苯乙烯
衍生物 R-45 与吡啶氟硼酸盐 R-46 为底物，在光催化的作用下，高效地合成
了氮杂环丙烷类化合物 R-47（如图 1-12 所示）[21]。在最优的反应条件下，
获得了 37 个目标化合物，收率在 34% 以上。

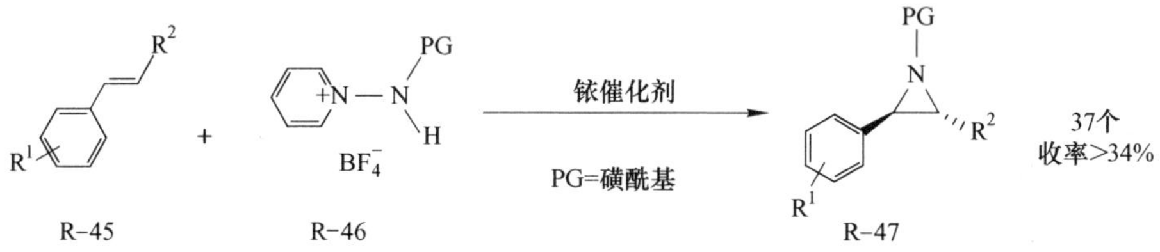

图 1-12　光催化吡啶氟硼酸盐合成氮杂环丙烷

1.2.4　亚胺类化合物为氮的来源构建氮杂环丙烷的研究

2010 年，Gordo 课题组以 N-磺酰基亚胺 R-48 和重氮甲烷 R-49 为起始原
料，在四氢呋喃溶剂中，实现了氮杂环丙烷的合成（如图 1-13 所示）[22]。当
R^1 部分为贫电子取代基时，重氮甲烷与亚胺直接发生"C2+N1"环加成反
应，得到氮杂环丙烷结构 R-50。而当 R^1 部分是富电子取代基时，重氮甲烷
在亚胺碳和 R^1 基团之间，发生 C—C 键的插入，得到含有亚甲基的氮杂环丙

烷结构 R-51。当亚胺的取代基 R^2 由磺酰基替换为苯基时，在最优条件下，并不能获得目标产物，该研究小组将反应时间延长至 120min 钟时，仍然检测不到目标产物。同时说明，磺酰基部分对于氮杂环丙烷的稳定性有至关重要的作用。

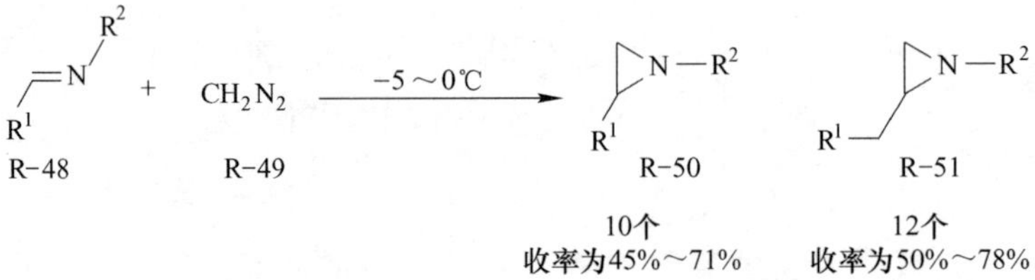

图 1-13　重氮甲烷与亚胺混合体系合成氮杂环丙烷

重氮甲烷在使用过程中，具有潜在的爆炸危险。此后，许多化学家对此方法做了进一步改进，希望开发出更高效的反应路线。其中在 2015 年，Stockman 课题组等人以达金反应为主线，开发了两类合成氮杂环丙烷的新方法（如图 1-14 所示）[23]。在该反应体系中，该研究小组以 2-溴代羧酸酯 R-52 与亚硫酰基亚胺 R-53 或 R-55 为底物，在强碱性条件下，高选择性地构建了两类氮杂环丙烷类化合物 R-54 或 R-56，收率为 38%～88%。值得注意的是，在该反应体系中，亚硫酰基的部分需要使用大位阻的基团，才可以保证该反应的顺利进行和高选择性。此外，借助达金反应合成氮杂环丙烷的方法需要在强碱(六甲基二硅基胺基锂)和 −78℃ 的条件下进行。本书中，该研究小组在三氟乙酸的条件下，移除了目标化合物中亚硫酰基的部分，通过氮杂环丙烷不开环，以保证目标化合物手性不变。

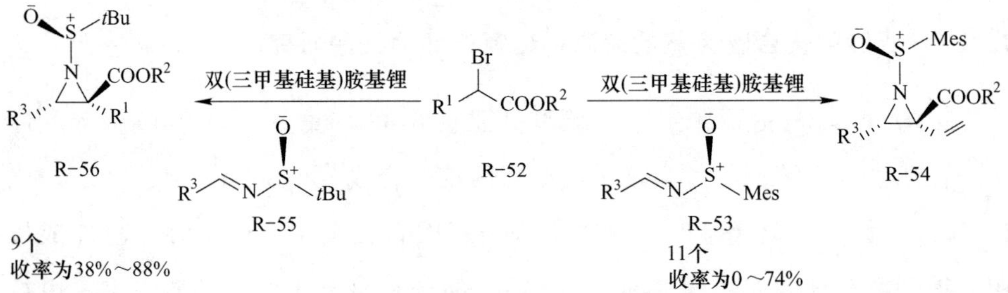

图 1-14　通过达金反应合成氮杂环丙烷

1.3 乌吉串联反应合成吲哚类衍生物的研究

吲哚类是一类具有药物活性单元的结构，这些结构在药物化学中扮演着重要的角色（如图 1-15 所示）。吲哚类衍生物包括异吲哚啉、吲哚酮、吲哚螺环化合物和异吲哚酮等。1969 年，吲哚啉酮化合物 R-57 由德国开发团队合成。随后，在 1977 年日本科学家证明该吲哚类衍生物具有抗肿瘤的活性[24]。吲哚类化合物也在临床抗癌药物中广泛分布，其中含有 2-吲哚酮基本单元化合物 R-58 和 R-59，作为酪氨酸激酶抑制剂，对于抑制癌细胞的增殖具有显著的效果[25,26]。含有吲哚环的螺环化合物 R-60 和 R-61，具有类生物碱的结构。因其具有很好的生物应用价值，被化学家广泛关注[27~30]。

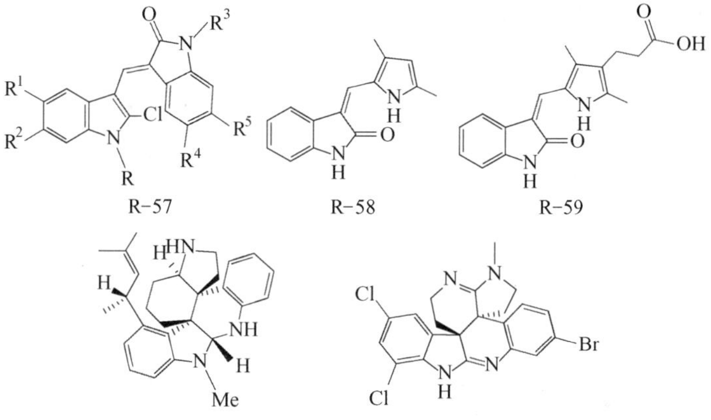

图 1-15　含有吲哚基本单元的活性分子

1.3.1 乌吉串联反应合成吲哚类杂环化合物的研究

2013 年，Van der Eycken 等人以 N-甲基吡咯-2-醛为乌吉反应起始原料，在 AuCl（2%，摩尔分数）的催化作用下，构建吡咯并吡啶化合物[31]。发现在最优的条件下，将吲哚醛 R-62 替换吡咯醛，当炔丙胺 R-63 中 R^1 的基团为氢时，在金催化下，炔烃的 2 位与吲哚 3 位反应形成六元环，获得吲哚并吡啶的结构 R-64。而当使用炔并胺中 R^1 为苯基时，炔烃的 1 位于吲哚的 3 位反应，与吲哚形成七元并环化合物 R-65。同年，该课题开发金催化的吲哚并氮杂环庚二烯酮类化合物的合成方法。该研究小组利用 2-吲哚醛为醛的来源时，将炔烃的来源替换为丙炔酸类化合物 R-66，在氯仿为溶剂、Au(PPh₃)OTf(5%，摩尔分数)催化体系下，无论炔烃是否为端炔烃，最终只有一种七元环化合物 R-67(如图 1-16 所示)[32]。

含有吲哚基本单元的杂环化合物，由于其结构的特殊性，在生物医药领域具有重要的生物活性。Van der Eycken 课题组，以 4-醛基吲哚 R-68、胺 R-69、炔基丙酸 R-70、异腈 R-71 为起始原料构建四组分乌吉反应，合成了类二肽的加合产物 R-72(如图 1-17 所示)[33]。进一步，在铟催化剂作用下，实现乌吉串联用于合成吲哚并氮杂环庚酮类化合物的合成。同时该反应具有很好的兼容性，不同取代基的胺、吲哚、炔烃都能够很好地应用在该反应中。此外，在羧酸的炔烃位置引入含有较大空间位阻的取代基（如苯基），该反应也能够很好地进行。本书中，作者成功合成了 9 个含有吲哚的大环化合物 R-73，为研究其生物活性，提供了有效的合成路线。

2006 年，Hoffmann 基于 Pd(OAc)₂/PPh₃ 催化的乌吉串联反应，进一步开发钯催化乌吉/Heck 反应，用于吲哚类化合物的合成(如图 1-18 所示)[34]。该研究小组通过简单四组分乌吉反应，其中用以邻溴苯胺 R-74 作为胺的来源，丙烯醛类化合物 R-75 作为醛来源，在室温的条件下，完成乌吉反应。化合物 R-78，在 Heck 反应的条件下，完成分子内的关环反应，乌吉反应中的羧酸 R-76 中的 R³ 不为氢时，得到的目标化合物是吲哚啉 R-79。羧酸 R-76 中的 R³ 不是氢，即用乙酸为反应起始原料时，在最优反应条件下，会发生胺的去保护反应，最终获得的目标产物为 R-80。

1.3.2 乌吉串联反应合成吲哚类螺环化合物的研究

基于前期对乌吉串联反应合成吲哚衍生物的研究，Van der Eycken 课题对乌吉串联合成吲哚类化合物的方法做进一步拓展。首先利用 3-醛基吲哚、叔丁基异腈、2-炔基丁酸、对甲氧基苄胺为起始原料，构建模板反应[35]。在考察金催化剂对乌吉产物 R-81 的反应时，该研究小组发现，在金催化剂的作用下 R-81 中吲哚 2 位对炔烃加成，形成吲哚并氮杂环庚烯酮 R-82。取而代之的是，在 Au(PPh₃)SbF₆ 催化作用下，R-81 化合物顺利地转化为含有吲哚类天然产物 R-83(如图 1-19 所示)。

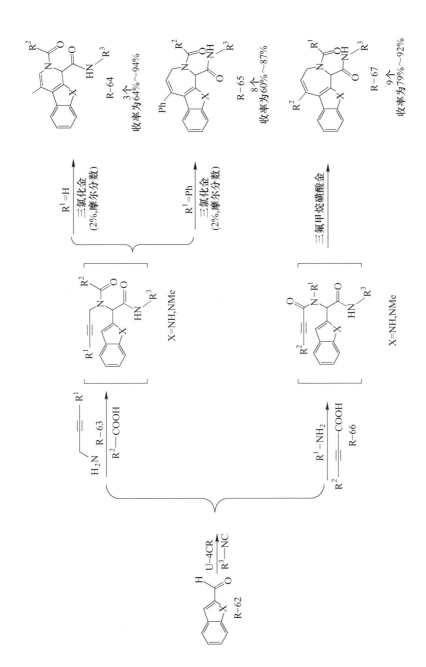

图1-16 金催化乌吉串联反应合成吲哚类化合物

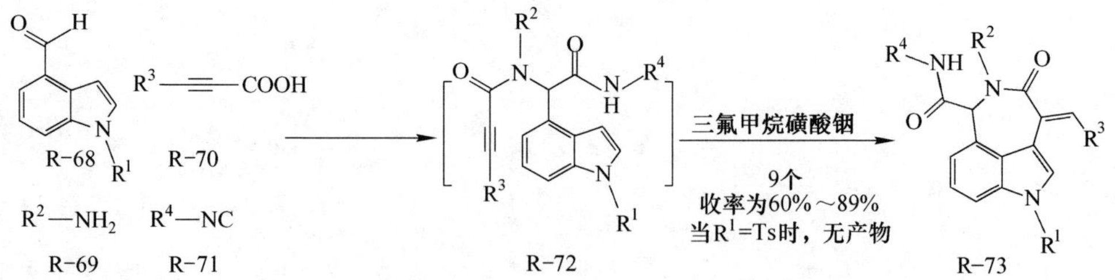

图 1-17 铟催化乌吉串联反应合成氮杂环庚酮并吲哚类化合物

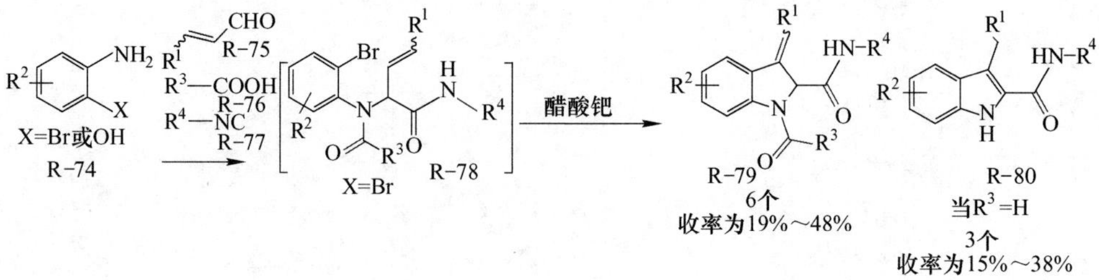

图 1-18 钯催化乌吉串联反应合成吲哚啉和吲哚类化合物

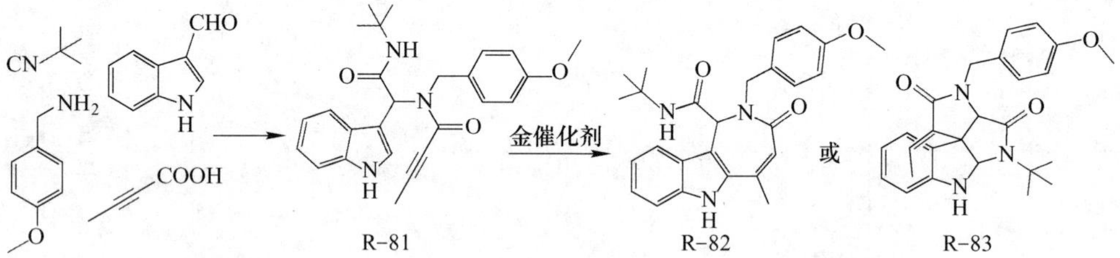

图 1-19 设计 Au(Ⅰ)催化乌吉串联反应合成吲哚类化合物

令人惊奇的是，当以 3-吲哚醛 R-84、丙炔酸类化合物 R-85、胺 R-86 和异腈 R-87 为底物，合成加合产物 R-88。在 Au(PPh₃)SbF₆(5%，摩尔分数)、CHCl₃ 为溶剂，室温 2h 的条件下，实现了金催化乌吉串联反应，成功地合成了类生物碱的螺环化合物，7 个螺环化合物的收率为 47%～87%(如图 1-20 所示)。值得一提的是，作者通过机理分析，目标产物 R-91 是通过吲哚3 位的碳，从吲哚的正面对炔烃进攻，得到中间体 90，而中间体 R-89，吲哚3 位的碳如果从吲哚环的背面去进攻炔烃，则该反应不能顺利的进行，也就不能得到 R-92。中间体 R-90、酰胺与吲哚 2 位发生分子内的环合反应，形成螺环化合物 R-91。在此后作者将该反应体系拓展到纳米金催化的体系当中，通过实验发现，在负载的纳米金（Au@Al-SBA15）催化剂作用下，同样能实现含有吲哚结构的螺环化合物的合成。此工作再一次印证，乌吉串联反应在构建结构复杂的化合物的优势[36]。

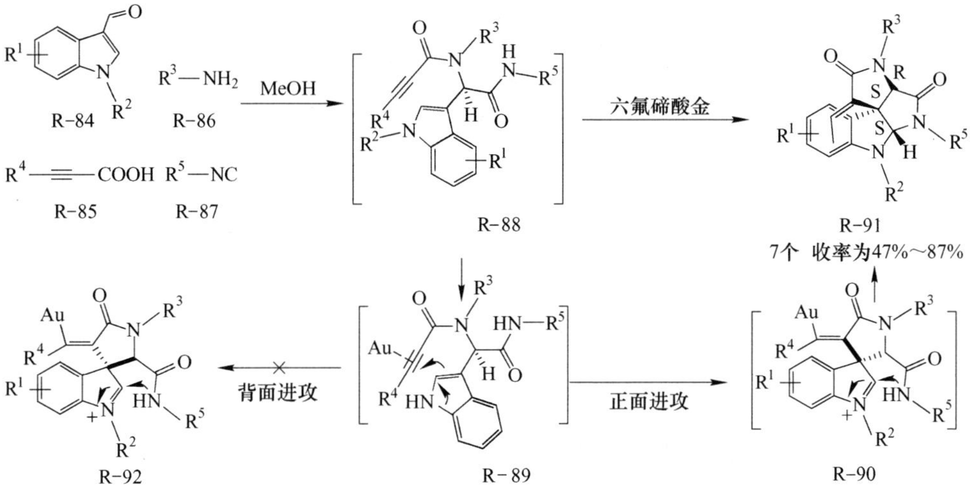

图 1-20 Au（Ⅰ）催化乌吉串联反应合成吲哚类螺环化合物

基于吲哚的杂环化合物被广泛研究，其中利用吲哚类化合物合成螺环化合物，大多数情况下是以一价的金为催化剂。2011 年，Miranda 开发了以化学计量的铜为催化剂，在 1,8-二氮杂二环十一碳-7-烯（DBU）和四氢呋喃（THF）的混合体系中实现，铜催化的乌吉串联反应合成吲哚酮类螺环化合物（如图 1-21 所示）[37]。首先作者以色胺 R-93、芳香醛 R-94、酸 R-95、异腈 R-96 为起始原料构建四组分乌吉。以乌吉加合产物 R-97 来构建模板反应，考察在铜催化剂的作用下合成吲哚类螺环化合物。在最优的条件：醋酸酮（Cu(OAc)₂）、DBU、THF，高效地合成了 11 个吲哚类螺环化合物。作者认为该反应是经过自由基的路径，二价铜的氧化作用，形成自由基 R-98。紧接着自由基 R-98 对吲哚 3 位进攻，发生自由基转化，形成中间体 R-99。由酰胺对自由基捕获，形成目标产物 R-100。

1.3.3 乌吉串联反应合成 2-吲哚酮类化合物的研究

2-吲哚酮作为一种重要的生物活性单元，在许多药物的结构中都含有此

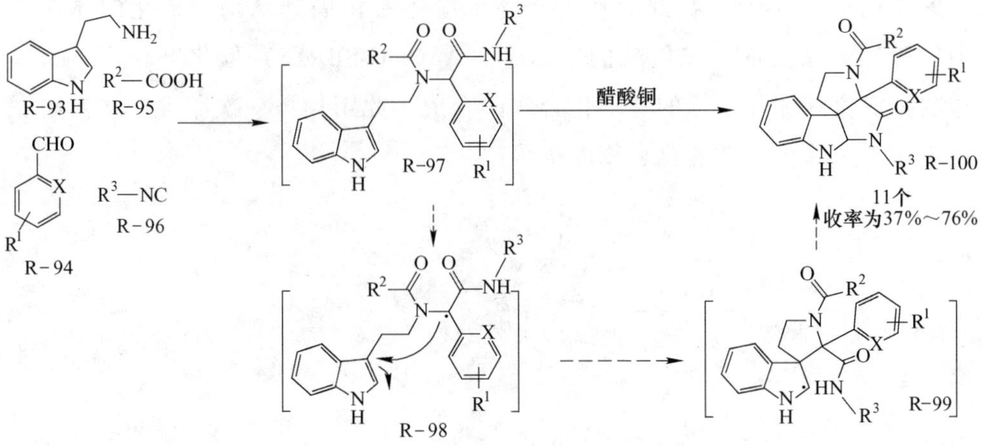

图 1-21 铜催化乌吉串联反应合成吲哚类螺环化合物

类结构，具有很高的应用价值。2006 年，Burdack 课题组等人，设计乌吉/Heck 串联反应用来合成异吲哚酮类化合物（如图 1-22 所示）[38]。该研究小组使用邻溴苯胺类化合物、丙烯酸为基础原料。通过乌吉反应，实现了加合产物 R-101-1 的合成。以 Pd(OAc)$_2$ 为催化剂，PPh$_3$ 为配体的条件下，合成了目标化合物 13 个，收率为 52%~77%。在 2008 年，Wu 等人在 Burdack 教授工作的基础上，通过对起始原料的简单变化，用邻胺苯酚替代邻卤苯胺，设计钯催化乌吉串联反应合成 2-吲哚酮化合物 R-102（如图 1-22 所示）[39]。在室温条件下，乌吉加合产物 R-101-2 被合成。此后，在使用 Pd(OAc)$_2$/BINAP 的催化体系时，同样实现 2-吲哚酮类化合物的合成。

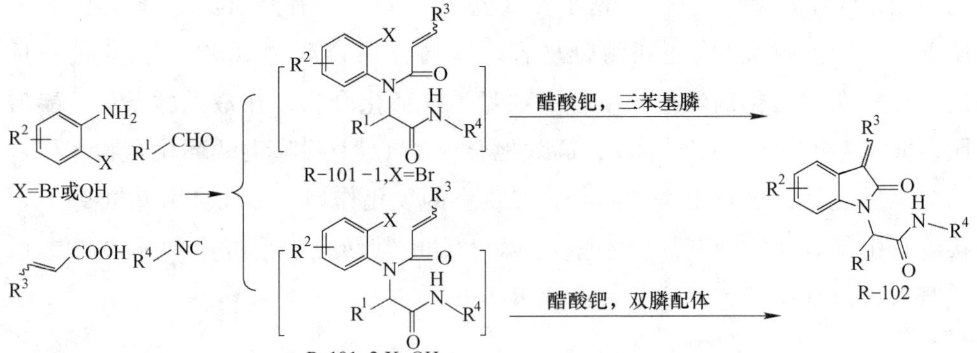

图 1-22 钯催化乌吉串联反应合成异吲哚啉酮类化合物

氮杂环化合物在农药、医药等各个领域都有重要的作用，因此开发一系列的潜在活性氮杂环化合物具有重要的意义。Kalinski 等人设计 3 条路线，分别以邻溴苯甲醛 R-103 为起始原料，构建类二肽的乌吉加合产物 R-104（如图 1-23 所示）[40]。继而在钯催化剂的作用下，异腈的酰胺与芳环的卤素发生分子内 C—N 偶联反应，乌吉加合物顺利地转化为对应的氮杂环化合物。经过 N-芳基化反应，成功地实现了异吲哚啉酮 R-105 的合成。

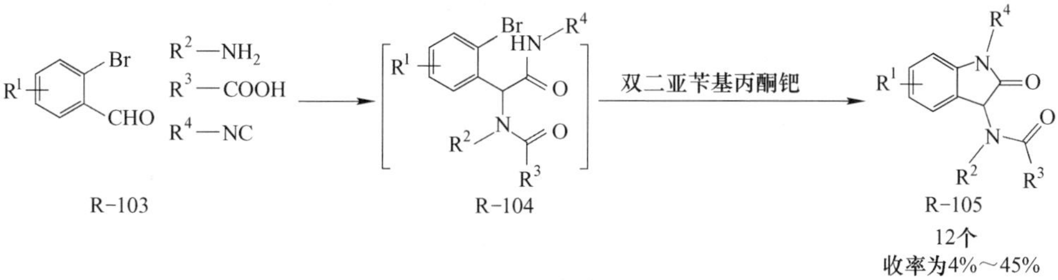

图 1-23 通过 C—N 偶联反应，实现钯催化乌吉串联反应合成异吲哚啉酮

Zhu 等人以邻碘苯甲醛 R-106、胺 R-107、羧酸 R-108、异腈 R-109 为起始原料，通过乌吉反应构建化合物 R-110[41]。当使用铜催化剂时，分子内碳氮偶联反应的收率只能停留在 42%。当对反应体系进一步优化，利用（二亚苄基丙酮）二钯（Pd(dba)₂）催化剂代替铜催化剂，同时以 2-二环己基硅-2′-甲基联苯环烷烃（Me-Phos）R-112 为配体，C—N 偶联反应能够高效地进行。在最优的条件下，作者合成了 13 个异吲哚啉酮类化合物 R-111，收率为 60%~99%（如图 1-24 所示）。

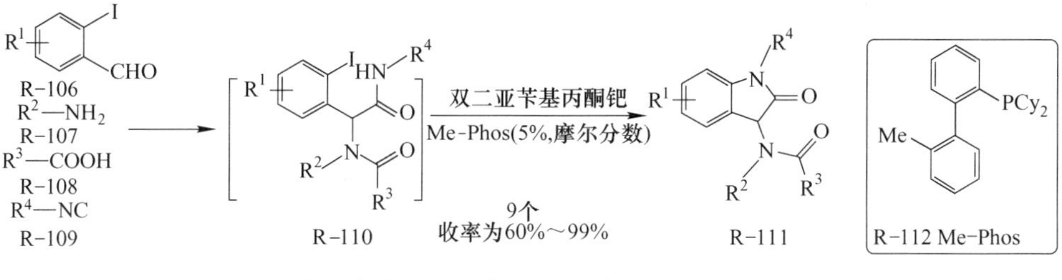

图 1-24 钯催化乌吉/C—N 偶联反应合成异吲哚啉酮类化合物

1.3.4 乌吉串联反应合成活性吲哚类衍生物的研究

Hernández-Vázquez 课题组报道钯催化的乌吉串联反应合成吡咯酮并异吲

哚啉化合物（如图 1-25 所示）[42]。该研究小组以叔丁基异腈 R-113、2-溴苄胺 R-114、（O-苯甲酰基）乙醛 R-115 肉桂酸衍生物 R-116 为基本原料，在甲醇室温搅拌过夜的条件下，顺利地得到乌吉反应的加合产物 R-117。在碱性条件下，加合产物 R-117 脱去一分子羧酸形成含有不饱和双键化合物 R-118，而后，在醋酸钯、碳酸钾、三苯基膦和甲苯的混合体系中，R-118 发生分子内的关环反应，转化为对应的吡咯烷酮并异吲哚啉 R-119。通过对不同取代基苄胺的考察，R-120、R-121 被高效地合成，收率分别为 54%、56%。在对吡咯烷酮并异吲哚啉化合物生物活性研究中，发现在 1,1-二苯基-2-三硝基苯肼和硫代巴比妥酸反应产物的抗氧化检测实验中，R-119、R-120、R-121 对于抗氧化方面都具有很好的活性。在吡咯酮并异吲哚啉衍生物中，R-120 的 IC_{50} 为 8.3μmol/L。此外，通过阳性对照试验发现，R-120 与 α-生育酚有类似的生物活性，因此 R-120 在抗氧化方面，具有较强的药用价值。

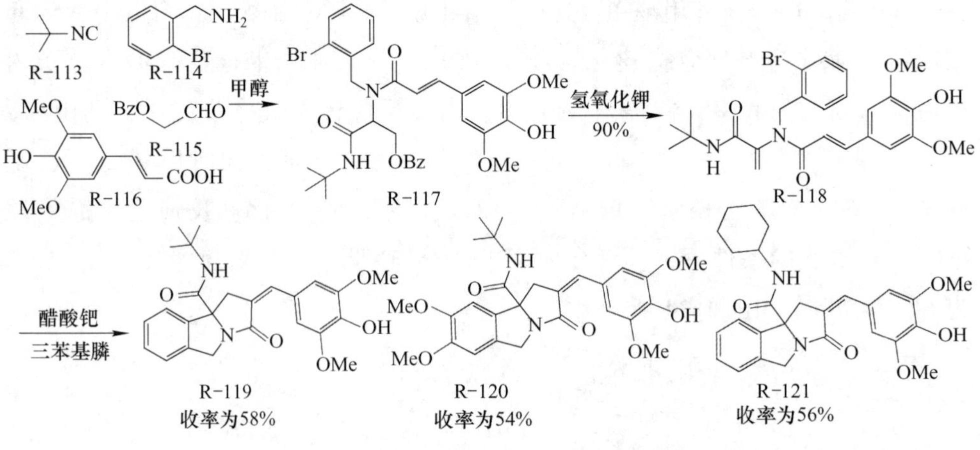

图 1-25 乌吉串联反应用于吡咯酮并异吲哚啉类化合物

5-羟基色胺在医药领域被广泛应用，目前已经至少有 13 种 G-蛋白偶联剂受体和配体门控离子通道药物含有色胺的基本单元。Gámez-Montaño 通过乌吉反应构建了色胺的杂环化合物（如图 1-26 所示）[43]。紧接着，该研究小组利用色胺 R-122、异腈 R-123、醛 R-124、2-氯乙酸 R-125 为基本原料得到类二肽结构的乌吉产物 R-126。在乙基黄原酸钾（KSC（S）OEt） 的作用下，乌吉产物在原位直接生成黄原酸酯类化合物。在该步反应过程中，可通过一锅法的方式直接得到黄原酸酯，避免对中间体氯代化合物 R-126 的纯化。在自由基引发剂过氧化二月桂酰（DLP）的条件下，黄原酸酯经过环合反应顺利合成吲哚并氮杂环庚酮类化合物 R-127。在对照试验中发现，R-128 化合物与受体蛋白 5-HT6R 的亲和力为 211.3nmol/L，而阳性对照实验组中，美赛西平 R-1129 与受体蛋白 5-HT6R 的亲和力为 3.9nmol/L。但是 R-128 可以作为潜在的拮抗剂，用于靶向受体蛋白 5-HT6R。因此，乌吉串联反应的合成方法为研究吲哚并氮杂环庚酮类化合物的生物活性，提供了重要的合成方法。

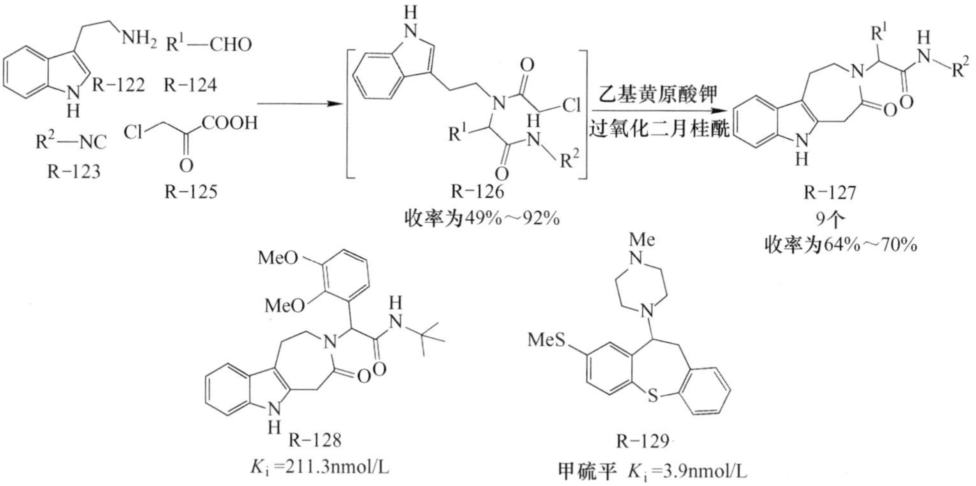

图 1-26   乌吉串联反应用于合成吲哚并氮杂环庚酮类化合物

1.4 合成哌嗪酮类衍生物的研究

哌嗪酮类化合物在有机化学和生物医药等领域被广泛应用（如图 1-27 所示）[44~46]。因此合成此类活性氮杂环化合物受到了许多化学家的关注。化合物 R-130 和 R-131 具有类天然产物的结构，在自然界中，广泛分布在真菌的二级代谢产物中。化合物 R-132，包含哌嗪酮的结构，作为一类驱虫剂被广泛应用。此外，化合物 R-133 和 R-134 都分别表现出高效的抗病毒和抗癌的活性。

由于哌嗪酮类化合具有重要的应用价值，而乌吉串联对于合成此类化合

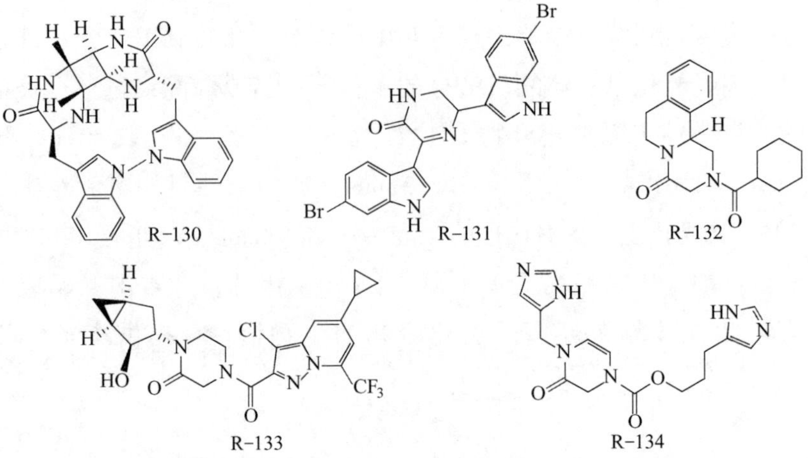

图 1-27   含有哌嗪酮的生物活性分子

物具有明显的优势[47~51]。因此利用乌吉反应来合成结构复杂哌嗪酮类化合物，吸引了许多化学工作者的兴趣，为研究哌嗪酮类化合物的药用价值提供了重要的合成方法。

1.4.1   乌吉串联反应合成哌嗪酮的研究

在 2001 年，Maccacini 课题组开发了基于异腈的乌吉反应合成哌嗪酮类化合物(如图 1-28 所示)[52]。以 α-氯代乙酸 R-135 为起始原料，在室温条件下合成乌吉加合产物 R-136。乌吉产物在氢氧化钾和乙醇的混合体系中，通过超声波的辅助作用，脱去一分子的氯化氢，在最优的反应条件下，一锅法高效的合成了 6 个哌嗪酮类化合物 R-137，收率为 48%~71%。

图 1-28   乌吉串联反应合成哌嗪酮类化合物

在 2002 年，Josey 课题组将异腈通过碳酸的结构，将其负载到树脂R-138的结构上。通过负载的异腈可以作为可拆卸基团，为合成其他氮杂环化合物提供了新的思路。在乌吉反应条件下，获得乌吉的加合产物 R-139。通过强碱叔丁醇钾的作用下，脱去负载材料，分子内环合得到恶唑酮 R-140。在甲醇钠的条件下，开环得到羧酸甲酯的部分 R-141。此后在酸性条件下，氨基发生脱保护反应，经过分子内环合得到哌嗪酮类化合物 R-142（如图 1-29 所示）[53]。

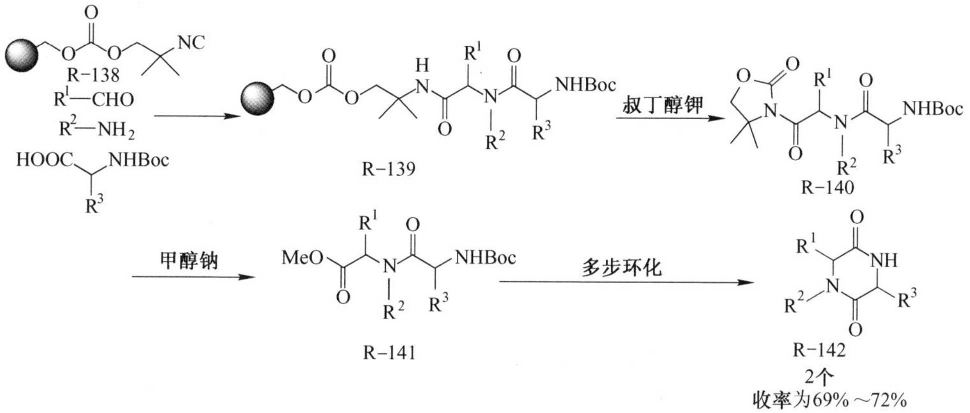

图 1-29　通过对异腈的修饰合成哌嗪酮类化合物

在 2003 年，Pozo 等人以芳基甲酰甲醛 R-143 和苯甲酰甲酸 R-144 分别为乌吉反应的醛和酸的来源。在乌吉反应的条件下，得到加合产物 R-145。在加合产物中含有两个酮羰基的结构，作者以醋酸铵为胺源，在乙酸回流的条件下发生缩合反应得到 10 个哌嗪酮类化合物 R-146（如图 1-30 所示）[54]。

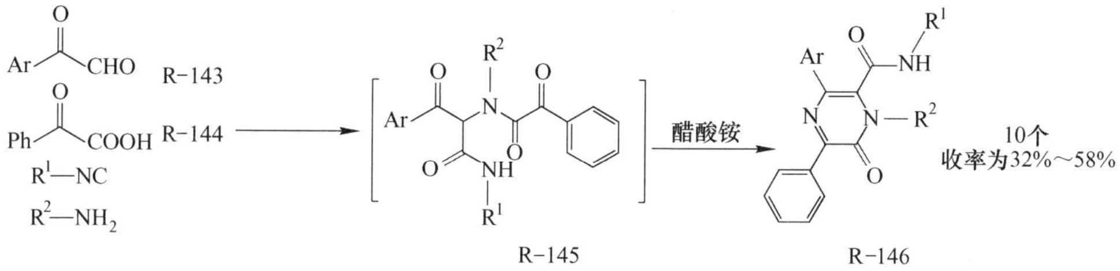

图 1-30　乌吉串联反应合成哌嗪酮

在 2015 年，Miranda 课题组以炔丙胺为乌吉反应的起始原料，构建了乌吉的加合产物 R-147（如图 1-31 所示）[55]。在氢氧化钾和四丁基碘化铵的共同作用下，将炔烃转化为双烯，同时夺取酰胺上的氢，形成氮负离子，获得含有双烯的中间体 R-148。在此后，胺负离子与双烯发生加成反应，得到哌嗪酮类化合物 R-149。遗憾的是，在该反应中，异腈的部分只能是芳基异腈，脂肪族异腈在该体系中不能被兼容。该研究小组以 2,6-二甲基苯基异腈、2-甲基-6-氯苯基异腈、5 类苯甲酸、炔丙胺和 α-(苯甲酰基)羟基乙醛为底物，在最优条件下，合成了 6 个哌嗪酮类化合物，收率为 39%~69%。

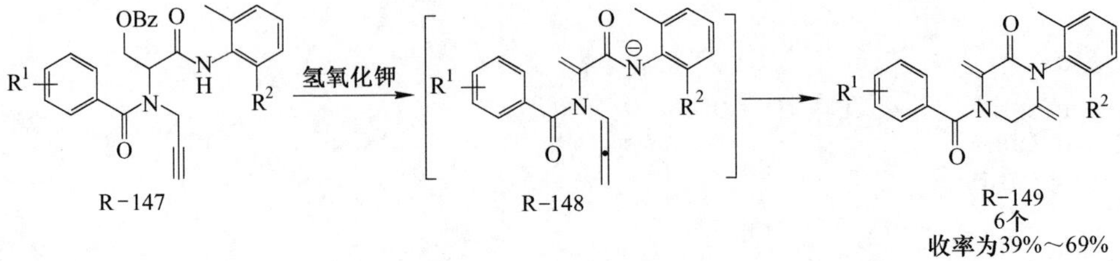

图 1-31　乌吉串联反应合成哌嗪酮类化合物

2016 年，该课题组报道了由碱和酸同时参与乌吉串联反应用于合成哌嗪酮类化合物(如图 1-32 所示)[56]。首先作者以乙酸、2,6-二甲基苯基异腈、炔丙胺和丁醛为乌吉的四组分原料，构建模型底物 R-150。在作者前期的工作中发现，炔烃在碱性条件下容易被转化为对应的双烯类化合物，从而发生关环反应。作者通过条件的优化，在碳酸钾和氢氧化钾的双重作用下，将含有炔烃的乌吉加合产物转化为双烯烃类化合物，同时发生关环反应。中间体 R-151 在 p-TsOH 的作用下，实现氢的转移，将烯烃双键转移到环内，从而得到哌嗪酮类化合物 R-152。

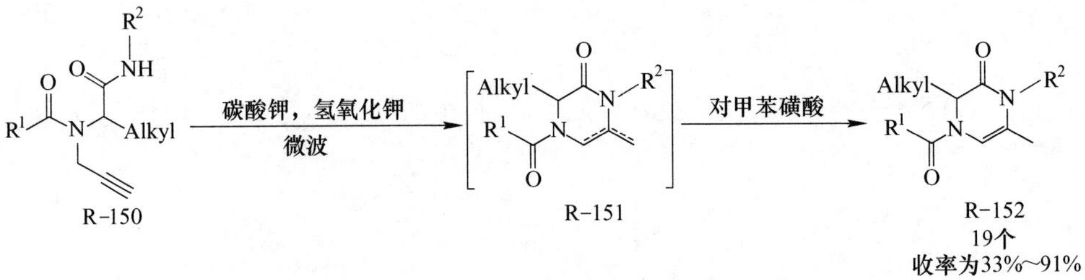

图 1-32　酸/碱辅助乌吉串联反应合成哌嗪酮类化合物

作者在此工作的基础上，通过引入邻碘苯甲酸或邻碘苯乙酸类化合物替代乙酸，作为乌吉反应中酸的来源，合成加合产物 R-153。加合产物在酸、碱的共同作用下合成哌嗪酮 R-154。进而，在钯催化的条件下，实现分子的 C—C 键偶联，构建结构更为复杂的哌嗪酮类化合物 R-155（如图 1-33 所示）。在最优条件下，通过一锅法的合成方法，在钯催化剂的辅助下，实现 Heck 偶联反应，合成了 R-156 异喹啉酮并哌嗪酮和 7 个异吲哚啉酮并哌嗪酮类化合物，且在该反应路线中，每一步都具有较高的收率。

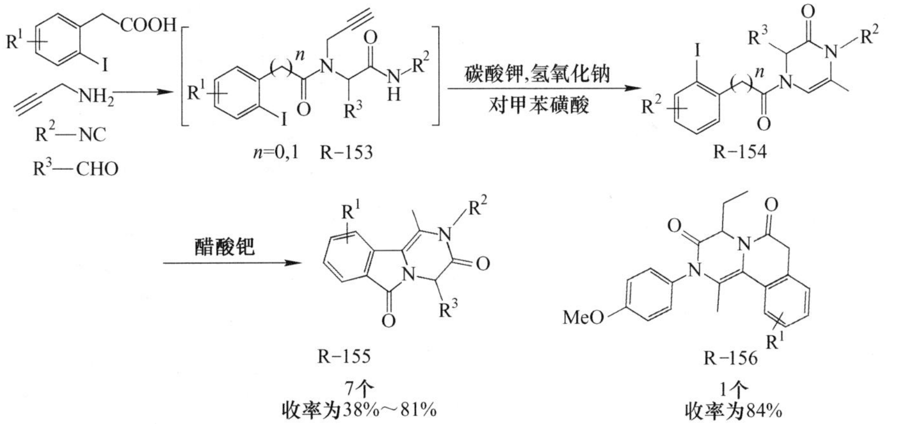

图 1-33 酸/碱辅助乌吉串联反应合成哌嗪酮并异吲哚啉酮和哌嗪酮并异喹啉酮

1.4.2 乌吉串联反应用于合成活性哌嗪酮类化合物的研究

在有机合成中，许多化学家开发了简单的方法合成该哌嗪类化合物。同时在许多的研究中表明，含有哌嗪酮的氮杂环化合物具有很好的生物活性[57]。Alirezapour 课题组以环己基异腈 R-157、芳基羧酸 R-158、酮 R-159、甘氨酸甲酯盐酸盐 R-160 为原料，在三乙胺、甲醇室温条件下，6h，成功得到乌吉的加合产物 R-161（如图 1-34 所示）[58]之后，在碳酸钾的条件下，发生分子内的酰胺化，合成了一系列含有哌嗪酮的螺环化合物 R-162。此后作者考察了该类化合物对于 σ 受体的作用。R-163 ～ R-165 中，发现 R-163 对 σ_1 受体和 σ_2 受体的亲和力值分别为 $K_{i\sigma_1} = (5.9 \pm 0.5)$ nmol/L、$K_{i\sigma_2} = (563 \pm 21)$ nmol/L。同时发现 R-163 对 σ_1 受体和 σ_2 受体的亲和力相差为 95 倍，因此表明 R-163 具有较高的选择性。当 $n=1$ 时，通过实验数据对比发现含有环己基的哌嗪酮化合物对 σ_2 受体具有更强的亲和力。根据 Glennon 构建的药物分子模型分析，R-164 具有更好的活性，是因为该类药物分子中氮苄基取代的哌啶环具有很强的疏水作用。进一步的实验结果发现，在 R-164 中将哌啶环换为环己基，其活性明显下降，在 R-164 化合物的基础上，引入具有大位阻的叔丁基，发现化合物 R-165 几乎没有活性。

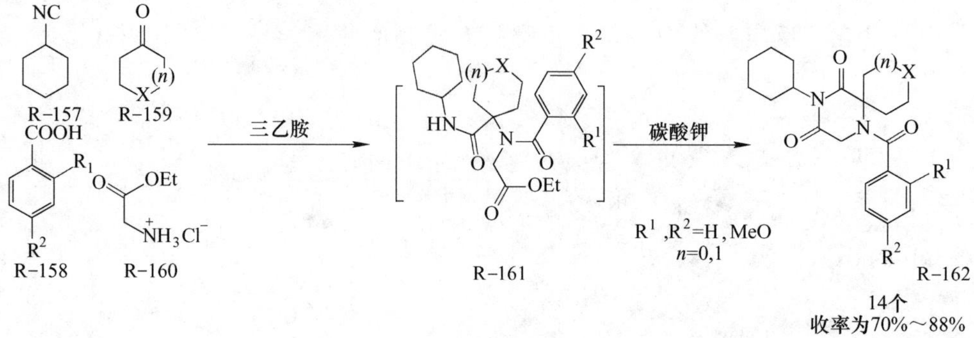

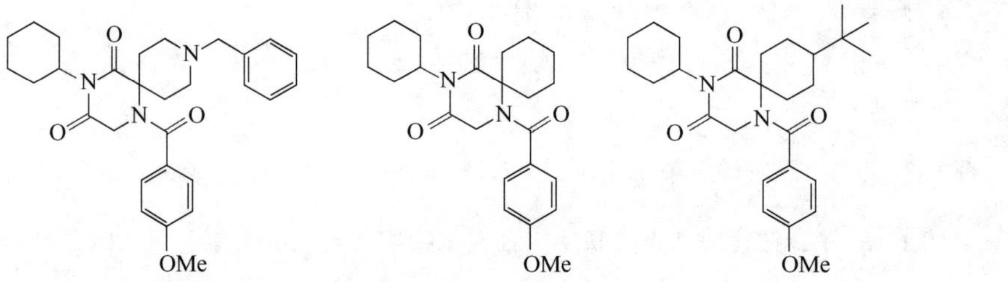

图 1-34　乌吉串联反应用于哌嗪酮类化合物

R-163
$K_{i\sigma_1} = (5.9 \pm 0.5)\,\text{nmol/L}$
$K_{i\sigma_2} = (563 \pm 21)\,\text{nmol/L}$

R-164
$K_{i\sigma_1} = (1370 \pm 201)\,\text{nmol/L}$
$K_{i\sigma_2} = (5381 \pm 657)\,\text{nmol/L}$

R-165
$K_{i\sigma_1} = (7896 \pm 976)\,\text{nmol/L}$
$K_{i\sigma_2} > 10000\,\text{nmol/L}$

综上所述，氮杂环丙烷、吲哚衍生物和哌嗪酮衍生物等杂环化合物具有重要的应用价值，前期化学工作者对于合成此类杂环化合物做了许多相关的工作。但是在这些合成路线中，都存在许多要解决的问题。本书中我们希望开发一条无金属催化乌吉串联反应合成氮杂环丙烷、吲哚类衍生物、哌嗪酮和色酮类衍生物的合成方法，这将是一项拥有挑战和具有重要意义的工作。

2 乌吉串联反应合成氮杂环丙烷及马来酰亚胺的研究

2.1 氮杂环丙烷合成简述

氮杂环丙烷是最简单的氮杂环化合物,具有较小的活化能,只需要较低的能量,就能发生开环反应。在过去的几十年中,许多化学家运用氮杂环丙烷开环过程释放环张力的方法,将其作为重要的分子模块,用来构建其他结构更为复杂的氮杂环化合物[59~62]。氮杂环丙烷的环张力较大,对于合成此类化合物仍是一大挑战,然而目前合成氮杂环丙烷的方法主要有如下几种:(1)以氨基醇类化合物为底物,在强酸和强碱的共同作用下合成氮杂环丙烷;(2)以叠氮醇类化合物为底物,在还原性条件下,合成氮杂环丙烷;(3)以亚胺为底物,构建氮杂环丙烷;(4)在金属催化剂的作用下,有机叠氮化物形成氮卡宾中间体,该中间体与烯烃发生环合,得到目标产物——氮杂环丙烷。然而,当前合成氮杂环丙烷类化合物的方法都存在如下缺点:(1)在文克法合成中,需要用到强碱和高温的反应条件;(2)以叠氮醇为底物的方法中,叠氮在反应过程中不易操作,而且容易发生爆炸;(3)以亚胺为底物的反应中,使用的原料不易制备或使用的重氮化物存在安全隐患;(4)在过渡金属催化叠氮化合物合成氮杂环丙烷的反应中,需要使用金属催化剂,不符合绿色化学的发展趋势。

然而目前通过微波辅助,在无金属催化剂的条件下合成氮杂环丙烷的方法尚未见相关报道。此外,基于我们对乌吉反应用于氮杂环化合物的研究[63~65],在本书中我们希望引入文克合成方法,在乌吉反应中实现氮杂环丙烷类化合物的合成(如图2-1所示)。

我们设计以甲酰甲酸类、芳胺、乙醛酸乙酯和异腈为起始原料,构建四组分乌吉反应。在我们前期的研究过程中,已经证明乙醛酸乙酯的部分在微

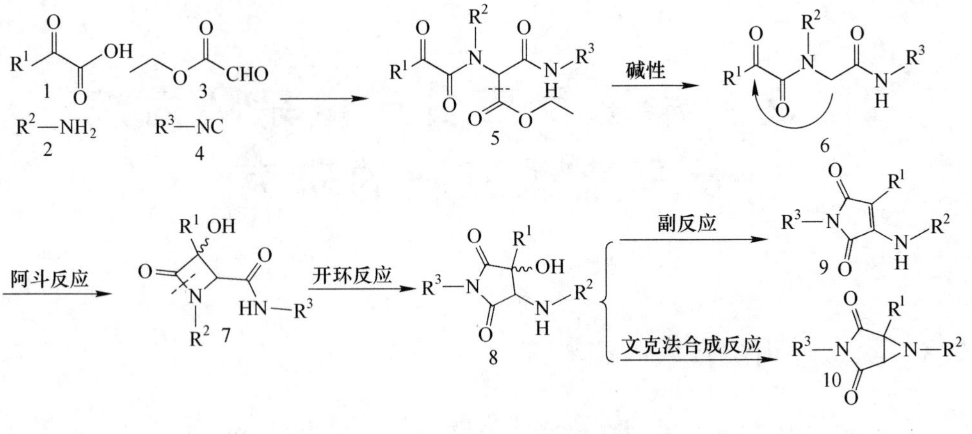

图 2-1　U-4CR/文克法反应合成氮杂环丙烷

波条件下，将是一个很好的离去基团[66]。因此我们设想加合产物 5 在微波、碱性条件下，发生无金属催化的 C—C 键离去，形成含有活泼亚甲基的中间体 6。通过分子内的阿斗反应形成 β-内酰胺类化合物 7。而 β-内酰胺属于小环化合物，存在较大的环张力，因此应用开环方法衍生出其他杂环化合物是一类非常重要的合成方法。其中利用环丁酰胺开环的方法也是合成吡咯烷酮类化合物的备选方法之一[67~71]。基于文献的研究基础，化合物 7 发生扩环反应，得到中含有氨基醇结构化合物 8。若中间体 8 直接与邻位碳发生脱水反应，则得到的是化合物 9。在文克合成方法基础上，我们希望通过控制反应条件，发生仲胺脱去氢离子，经过分子内脱水反应，形成目标产物 10。

2.2　构建合成氮杂环丙烷及马来酰亚胺体系

2.2.1　合成吡咯二酮 9 的研究

2.2.1.1　合成吡咯二酮 9 的反应路径

我们选取对甲氧基苯酰甲酸、对溴苯胺、乙醛酸乙酯、苄基异腈为起始原料，构建模板反应（如图 2-2 所示）。在室温条件下，化合物 5a 被高效地合成。基于文献的基础，在文克法反应中，含有胺基醇结构的底物，在碱性条件下更容易发生分子内的脱水反应，而得到目标产物。因此，我们首先尝试二乙醇胺（DIPA）、N,N-二甲基甲酰胺（DMF）微波 120℃、10min 的反应条件，通过 TLC 的跟踪发现，有一个淡黄色的新点生成，通过反应的后处理，对新化合物进行分离、纯化后，经过核磁谱图的分析，发现得到的新化合物不是预期的产物，此后我们通过单晶衍射分析方法对化合物 9a 的结构做了进一步的确定（如图 2-3 所示）。

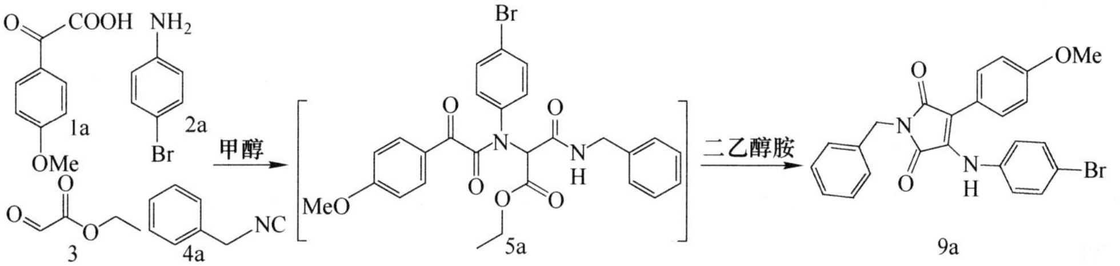

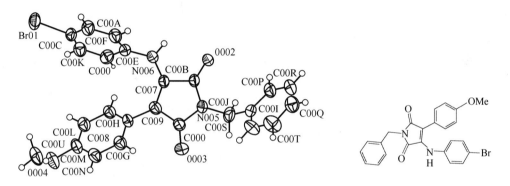

图 2-2 碱催化乌吉串联反应合成吡咯二酮 9a

图 2-3 化合物 9a 的单晶结构图

2.2.1.2 优化合成吡咯二酮 9 反应条件

化合物 9a 的结构确定之后，我们对该反应条件进一步优化（见表 2-1）。当使用 DIPA、DMF、微波 120℃、10min 的条件下，化合物 9a 的收率仅为 20%。因此，我们首先考虑了两类酸性反应体系（在 10% 三氟乙酸（TFA）/1,2-二氯乙烷（DCE）和 10%HCl/AcOH 的反应条件下），很遗憾的是，在 LC-MS 的检测下，都没有检测到目标化合物 9a 的形成（见表 2-1 第 12 行）。此后，我们考虑了碱性条件下对反应的影响效果。在以 DMF 为溶剂的反应体系中，对碱的种类做逐一地筛选。在有机碱和无机碱中，我们考虑了如下的碱：K$_2$CO$_3$、EtONa、NaOH、KOAc、DIPA、N,N-二异丙基乙胺（DIPEA）、1,4-二氮杂二环［2.2.2］辛烷（DABCO）和 1,8-二氮杂二环十一碳-7-烯（DBU），通过实验结果发现，在 DBU 作为碱的反应条件下，化合物 9 的收率提高到了 57%（见表 2-1 第 3～11 行）。在获得最优碱的条件下，接下来，我们对反应的温度做了细致的研究，通过检测发现，反应的收率随着温度的升高而逐渐提高。当反应温度为 140℃时，化合物 9a 的收率为 75%（见表 2-1 第 12、13 行）。但是，当反应温度升高至 150℃或者反应时间延长至 20min 时，目标产物的收率都有不同程度的降低（见表 2-1 第 14、15 行）。我们猜测，可能是在较高温度和长时间高温反应下，乌吉加合产物的稳定性受到了影响，从而发生分解。因此我们确定，反应的最佳温度为 140℃，最优反应时间为 10min。众所周知，反应溶剂对反应效果也有着明显的作用。因此，在得到最优的温度、反应时间和碱时，我们对反应的溶剂也进行了考察，当以 DMF 为溶剂时，目标化合物能够高效地转化为对应的目标化合物。通过诸多的反应条件筛选后，我们确定了反应的最佳条件为 DBU、DMF、微波 140℃、10min。

表 2-1　合成吡咯二酮 9a 条件优化[①]

行	溶　剂	添加剂	添加剂用量	反应温度 /℃	反应时间 /min	收率[①] /%
1	10%TFA/DCE	—		微波 120	10	不反应
2	10%HCl/AcOH	—		微波 120	10	不反应
3	DMF	K_2CO_3	2.0	微波 120	10	不反应
4	DMF	EtONa	2.0	微波 120	10	不反应
5	DMF	NaOH	2.0	微波 120	10	不反应
6	DMF	KOAc	2.0	微波 120	10	不反应
7	DMF	DIPA	2.0	微波 120	10	20
9	DMF	DIPEA	2.0	微波 120	10	32
10	DMF	DABCO	2.0	微波 120	10	50
11	DMF	DBU	2.0	微波 120	10	57
12	DMF	DBU	2.0	微波 130	10	63
13	**DMF**	**DBU**	**2.0**	**微波 140**	**10**	**82(75)[②]**
14	DMF	DBU	2.0	微波 150	10	60
15	DMF	DBU	2.0	微波 140	20	65
16	二甲基亚砜(DMSO)	DBU	2.0	微波 140	10	53
17	MeOH	DBU	2.0	微波 140	10	21
18	四氢呋喃(THF)	DBU	2.0	微波 140	10	35

行	溶　剂	添加剂	添加剂用量	反应温度 /℃	反应时间 /min	收率[①] /%
19	MeCN	DBU	2.0	微波 140	10	44
20	DCE	DBU	2.0	微波 140	10	21

①反应条件：酸性溶液 1.0mL 或 0.1mmol 5a 在 1.0mL 溶剂，254nm 下 HPLC 的收率。

②分离收率。

2.2.1.3　吡咯二酮 9 底物适用性研究

我们在获得的最优反应条件下（DBU、DMF、微波 140℃、10min），考察了不同取代苯甲酰甲酸、苯胺和异腈等起始原料在该反应中的适用性（见表 2-2）。在该反应中，如果以脂肪胺作为乌吉反应的起始原料，在室温条件下，乌吉加合产物能被高效地合成，但是在最优的反应条件下，乌吉加合产物不能够被转化为对应的产物。由此说明，在乌吉反应中，只能以芳胺为胺的来源。通过反应结果发现，该反应对于取代的苯甲酰甲酸、异腈都具有很好的兼容性。在最优条件下，最终获得 12 个吡咯二酮类化合物 9，收率为 56%~78%。

吡咯二酮类化合物 9 的底物拓展化学式为：

表 2-2　吡咯二酮类化合物 9 的底物拓展[①]

行	R^1	R^2	R^3	编号	产　物	收率/%
1	4-MeOC$_6$H$_4$	4-BrC$_6$H$_4$	Bn	9a		75
2	C$_6$H$_5$	C$_6$H$_5$	Bn	9b		73

续表 2-2

行	R^1	R^2	R^3	编号	产　物	收率/%
3	C_6H_5	$4\text{-}BrC_6H_4$	Bn	9c		64
4	C_6H_5	$3\text{-}ClC_6H_4$	Bn	9d		61
5	C_6H_5	$3\text{-}BrC_6H_4$	Bn	9e		75
6	C_6H_5	$4\text{-}ClC_6H_4$	Bn	9f		68
7	C_6H_5	$2\text{-}FC_6H_4$	Bn	9g		69
8	2-呋喃	$4\text{-}BrC_6H_4$	Bn	9h		71
9	C_6H_5	$3\text{-}CF_3C_6H_4$	Bn	9i		78
10	$4\text{-}BrC_6H_4$	$4\text{-}BrC_6H_4$	Bn	9j		56

行	R¹	R²	R³	编号	产　　物	收率/%
11	C_6H_5	C_6H_5	c-Hex	9k	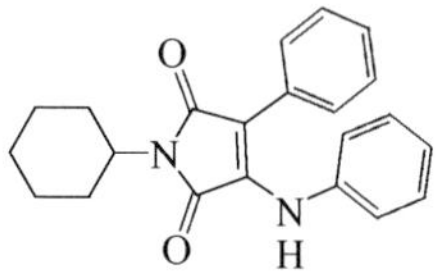	77
12	C_6H_5	4-BrC_6H_4	$C_6H_5(CH_2)_2$	9l	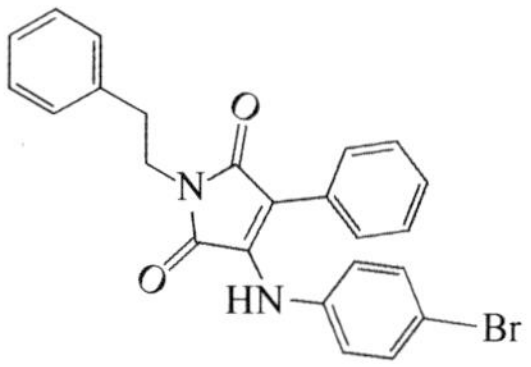	72

①反应条件：　（1）0.5mmol 醛，0.5mmol 胺，0.5mmol 酸，0.5mmol 异腈在 1.0mL MeOH；
（2）DBU（2.0 当量），DMF（3.0mL），一步法收率。

2.2.2　合成氮杂环丙烷并吡咯烷酮 10 的研究

2.2.2.1　合成氮杂环丙烷并吡咯烷酮 10 反应路径

根据前期对于合成氮杂环丙烷并吡咯烷酮类化合物的设计，我们对反应的路径做进一步地分析（如图 2-4 所示）。我们以对甲氧基苯甲酰甲酸 1a、对溴苯胺 2a、乙醛酸乙酯 3 和苄基异腈 4a 为乌吉反应的四组分起始原料得到模型底物 5a。在碱性条件下，我们猜测乌吉加合产物 5a 首先发生选择性的 C—C 键断裂，得到含有活泼亚甲基的中间体 6a。经过分子内羟醛缩合反应得到环丁酮类中间体 7a。再次，经过扩环反应，得到含有胺基醇结构的中间体 8a。此时我们认为在碱性条件下中间体 8a 会经过两条反应路径，一是反应路径 A 得到我们已经拿到的产物吡咯二酮化合物 9a，另外一条反应路径 B，获得我们设计的产物氮杂环丙烷并吡咯烷酮 10a。

路径 A：中间体 8a，被碱夺取羰基 α 位的氢，形成碳负离子 8a-1。之后在碱性条件下，发生分子内的脱水反应，形成不饱和双键，从而得到吡咯二酮类化合物 9a。

路径 B：中间体 8a，被碱夺取仲胺上的质子，形成氮负离子 8a-2。然后胺负离子对连有醇羟基的碳发生进攻，在碱性条件下，失去一分子水，经过该环合反应得到氮杂环丙烷的结构，经过此条反应路径，最终得到的化合物应该就是氮杂环丙烷并吡咯烷酮类化合物 10a。

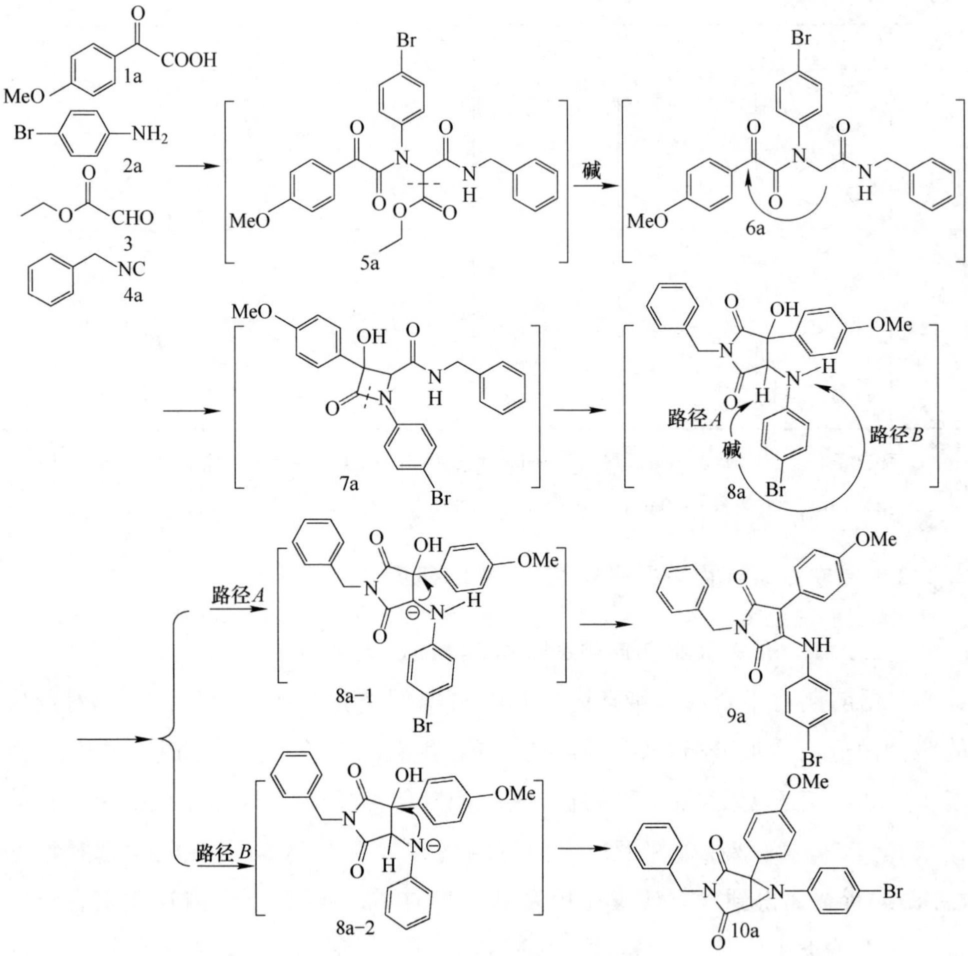

图 2-4　合成 9a 和 10a 的反应路径分析

　　根据我们对反应路径的推测，我们希望通过进一步反应条件优化，继续开发一类碱催化的乌吉串联反应合成氮杂环丙烷并吡咯啉酮类化合物。基于此猜想，我们设计以苯甲酰甲酸、3-三氟甲基苯胺、乙醛酸乙酯、苄基异腈为起始原料的乌吉反应来获得乌吉加合产物 5a。当我们考察弱碱的反应效果时，以三乙胺为碱，有少量的新化合物生成。此后我们对该化合物分离、提纯后，经过核磁、高分辨质谱和单晶衍射等表征手段确定了化合物 10a 的结构（如图 2-5 所示）。

2.2.2.2　优化合成氮杂环丙烷并吡咯烷酮 10 反应条件

　　确定化合物 10a 的结构之后，在模板反应基础上，我们对反应条件做进

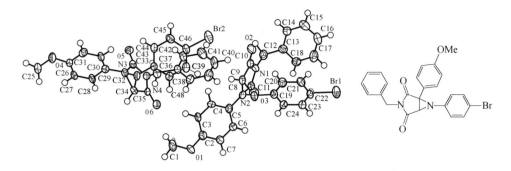

图 2-5 化合物 10a 的单晶结构图

一步的优化(见表 2-3)。当使用三乙胺为碱时,发现有少量的目标化合物生成(见表 2-3 第 1 行)。因此,我们继续考察弱碱对此反应的效果。当三乙醇胺(TEOA)作为碱时,效果比三乙胺效果稍好,此时的液相收率为 8%(见表 2-3 第 2 行)。因此,该实验进一步证明了我们的猜想,该反应在弱碱条件下效果更好。当反应的温度、催化剂的用量等影响因素被考虑时,在 TEOA(5.0 当量)、DMF、微波 130℃、10min 条件下,此时化合物 10a 的收率能达到 72%(见表 2-3 第 2~7 行),但是,此时又伴随着化合物 9a 的出现,收率为 4%。有意思的是,当反应温度逐步的升高,化合物 9a 的收率逐渐提高,而化合物 10a 收率在逐渐降低,也就是,化合物 10a 和化合物 9a 之间存在着相互转化的关系。当反应温度为 170℃时,化合物 9a 的分离收率为 69%(见表 2-3 第 4~7 行)。通过此实验,也证明了在不同的反应条件下,存在不同的分子内脱水方式。在对溶剂的筛选实验中,发现当前使用的 DMF 最佳反应溶剂(见表 2-3 第 8~13 行)。根据表格数据对比发现,该反应体系的最佳条件为:TEOA(5.0 当量)、DMF、微波 130℃、10min。

表 2-3 合成氮杂环丙烷并吡咯烷酮 10a 条件优化[①]

行	溶剂	碱	碱用量	反应温度 /℃	反应时间 /min	收率[①]/%	
						10a	9a
1	DMF	Et_3N	2.0	微波 110	10	5	不反应
2	DMF	TEOA	2.0	微波 110	10	8	不反应
3	DMF	TEOA	2.0	微波 130	10	45	5
4	**DMF**	**TEOA**	**5.0**	**微波 130**	**10**	**77(72)[②]**	**4**
5	DMF	TEOA	8.0	微波 130	10	65	8

续表 2-3

行	溶剂	碱	碱用量	反应温度 /℃	反应时间 /min	收率[①]/% 10a	9a
6	DMF	TEOA	5.0	微波 150	10	33	21
7	**DMF**	**TEOA**	**5.0**	**微波 170**	**10**	**3**	**76（69）[②]**
8	MeCN	TEOA	5.0	微波 130	10	29	14
9	DMSO	TEOA	5.0	微波 130	10	35	41
10	MeOH	TEOA	5.0	微波 130	10	不反应	不反应
11	THF	TEOA	5.0	微波 130	10	不反应	不反应
12	DCE	TEOA	5.0	微波 130	10	不反应	不反应
13	甲苯	TEOA	5.0	微波 130	10	不反应	痕量

①反应条件：0.1mmol 5a 在 1.0mL 溶剂中，HPLC 收率（%）在 254nm。

②收率。

2.2.2.3　氮杂环丙烷并吡咯烷酮 10 底物拓展

在最优条件下，我们考察了不同取代基的起始原料在反应中的兼容性（见表 2-4）。当苯胺作为乌吉起始原料的胺源时，芳环上含有氟、氯、溴和三氟甲基的底物，都能够被高效地转化为对应的目标产物。但是，当芳环上含有给电子取代基时，该类型的底物则不能够被兼容。同时在酸的部分，如果是苯甲酰甲酸类的底物都能够很好地进行，但是如果以芳杂环的甲酰甲酸为乌吉反应的底物时，在反应结束后检测不到目标产物。在最优的条件下，我们最终合成了 11 个氮杂环丙烷并吡咯烷酮 10，收率都在 58%~72%。

氮杂环丙烷并吡咯烷酮类化合物 10 底物拓展化学式为：

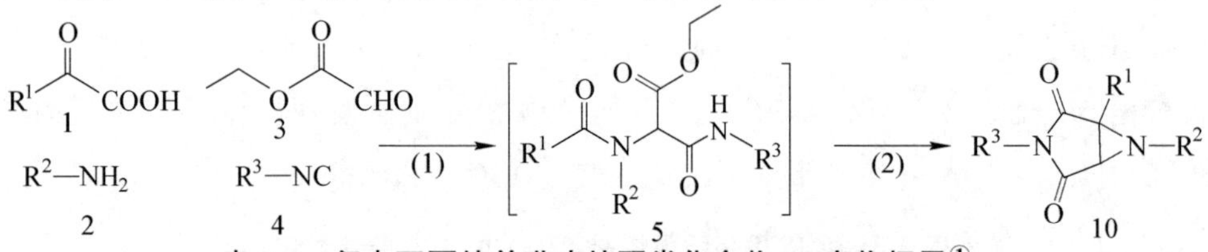

表 2-4　氮杂环丙烷并吡咯烷酮类化合物 10 底物拓展[①]

行	R¹	R²	R³	编号	产　物	收率/%
1	4-MeOC₆H₄	4-BrC₆H₄	Bn	10a	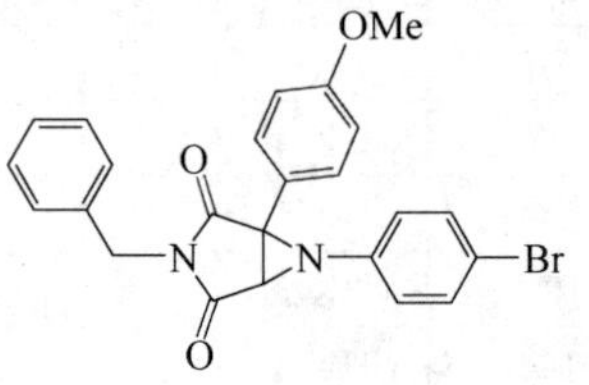	72

续表 2-4

行	R^1	R^2	R^3	编号	产　物	收率/%
2	C_6H_5	3-$CF_3C_6H_4$	Bn	10b		67
3	C_6H_5	3-BrC_6H_4	Bn	10c		60
4	4-BrC_6H_4	4-BrC_6H_4	Bn	10d		61
5	C_6H_5	4-BrC_6H_4	Bn	10e		63
6	C_6H_5	4-ClC_6H_4	Bn	10f		68
7	C_6H_5	3-ClC_6H_4	Bn	10g		65
8	C_6H_5	4-BrC_6H_4	$C_6H_5(CH_2)_2$	10h		63

续表 2-4

行	R^1	R^2	R^3	编号	产　物	收率/%
9	C_6H_5	C_6H_5	Bn	10i	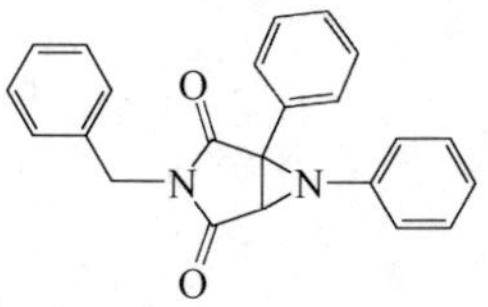	60
10	C_6H_5	C_6H_5	4-MeBn	10j	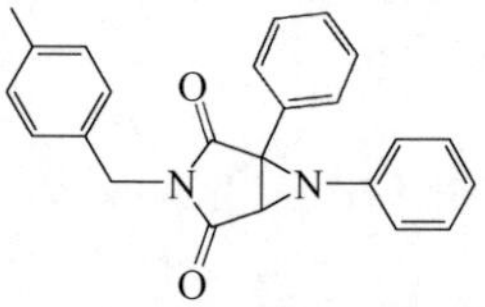	71
11	C_6H_5	4-BrC_6H_4	4-ClBn	10k	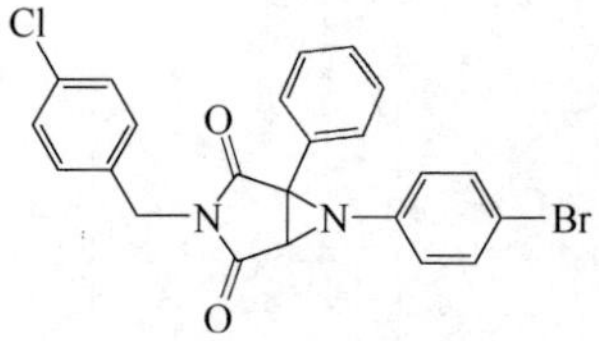	58

①反应条件：（1）0.5mmol 醛，0.5mmol 胺，0.5mmol 酸，0.5mmol 异腈在 1.0mL MeOH；（2）TEOA（5.0 当量），DMF（3.0mL），一步分离收率。

2.2.2.4　吡咯二酮 9 和氮杂环丙烷并吡咯烷酮 10 反应机理探究

通过上述的实验结果，我们发现乙醛酸乙酯部分，在微波辅助的碱性条件下，会发生选择性 C—C 键的离去，即乙醛酸乙酯部分会离去，形成含有活泼亚甲基的中间体 6a（如图 2-6 所示）。为了对该反应机理进一步深入研究，我们设计了四组分乌吉模板反应，起始原料为：对甲氧基苯甲酰甲酸、对溴苯胺、甲醛和苄基异腈，构建一个含有活泼亚甲基的乌吉加合产物。然后将化合物 6a 置于合成吡咯二酮的最优条件下，考察其反应效果。通过实验结果发现，在最优条件下，该反应可以顺利进行，同时也证明乌吉加合产物中乙醛酸乙酯的部分，可能是经过 C—C 键离去形成中间体 6a，然后再进行重排、关环反应最终形成目标产物吡咯二酮化合物 9a。

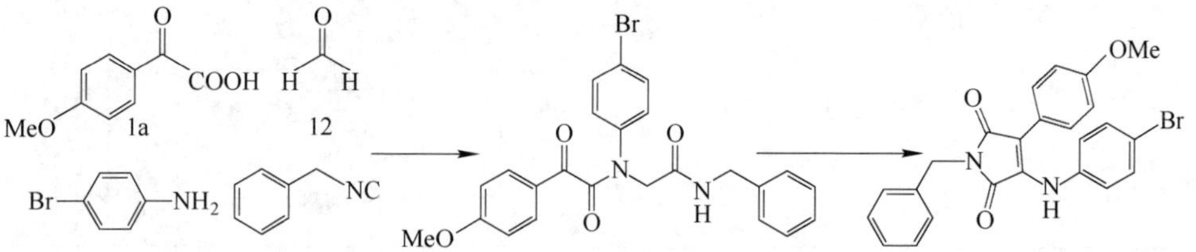

2a　　4a　　6a　　9a

图 2-6　以甲醛为底物，探究化合物 9a 反应机理

　　根据如上的实验结果，我们对反应的机理做了简单的推测（如图 2-7 所示）。在碱性作用下，化合物 5 经过 C—C 键的选择性离去，然后形成含有活泼亚甲基的中间体。化合物 6 经过路径 A，在强碱的作用下，得到吡咯二酮类化合物。化合物 6 经过路径 B，在 TEOA 作用下形成分子内羟醛缩合的产物 7，再经过扩环反应得到含有氨基醇结构的中间体 8-1 和 8-2 两种类型的结构。最终在碱催化作用下，经过文克得到目标产物氮杂环丙烷并吡咯烷酮类化合物 10。但是通过化合物 10a 的单晶数据，我们可以发现，氮杂环丙烷的环与吡咯烷酮环成一个夹角，同时从结构上可以看出，三元环是处于一个吡咯烷酮环的面外。因此在该反应过程中，存在着一定的立体选择性。同时也就印证化合物胺基是从醇羟基的同侧进攻 α 碳，最终形成化合物 10 的结构。

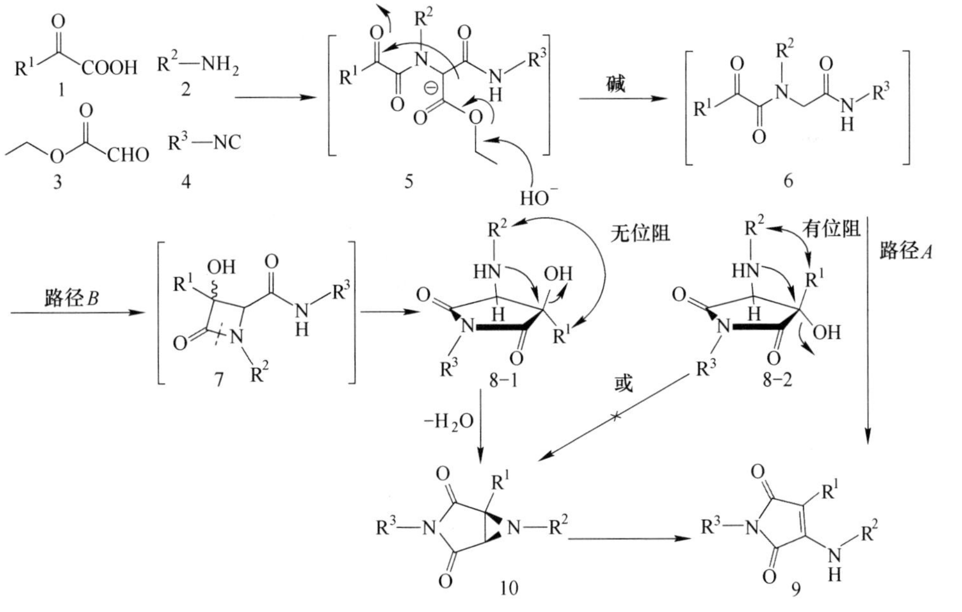

图 2-7　化合物 9 和化合物 10 反应路径

2.2.3　合成氮杂环丙烷 11 的研究

2.2.3.1　合成氮杂环丙烷 11 反应路径

　　在合成氮杂环丙烷并吡咯烷酮的实验中发现，在最优反应条件为 TEOA、DMF、微波 140℃、10min 下，通过 TLC 和 LC-MS 跟踪下，能发现少量新化合物生成，该新化合物有 10% 的收率。当我们以苯甲酰甲酸、3-三氟甲基苯胺、苄基异腈、乙醛酸乙酯为原料构建模型底物时，在 TEOA 的条件下，化合物 11a 有 8% 的收率。最终通过分离提纯后，进行一系列的表征：高分辨质谱、核磁等表征和单晶衍射的分析手段，我们最终确定了化合物 11a 的结构（如图 2-8 和图 2-9 所示）。

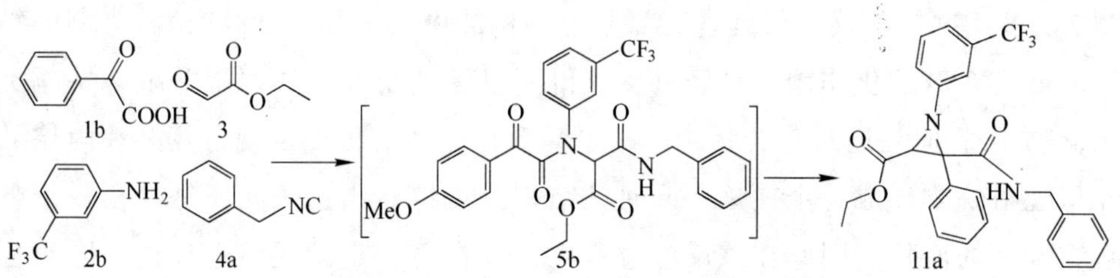

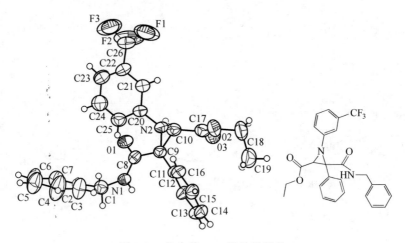

图 2-8　化合物 11a 的合成路线

图 2-9　化合物 11a 的单晶结构

2.2.3.2　优化氮杂环丙烷 11 反应的条件

在化合物 11a 的结构确定之后，我们对其反应条件进行优化（见表 2-5）。在弱碱 TEOA 的作用下，化合物 11a 虽然只有 10% 的收率，但是说明在碱性条件下，具有潜在可行性（见表 2-5 第 1 行）。我们继续考察了弱碱对该反应的效果，当碱的量减少到两个当量时，化合物 11a 的收率直接从 10% 增长到 43%（见表 2-5 第 2 行）。当反应的温度升高至 140℃，化合物 11a 的收率上升至 47%（见表 2-5 第 3 行）。继续升高温度，可能由于高温导致部分原料分解，从而降低了化合物 11a 的转化率（见表 2-5 第 4 行）。将碱催化剂的量减少到 1.0 个当量时，反应的效果也不理想，反应的副产物也随之增多。当我们以 DMF 为溶剂，对碱考察时，发现 2.0 当量的三乙胺效果最好（见表 2-5 第 6~9 行）。当以 DBU 作为催化剂时，几乎没有预期的产物。在接下来，对溶剂的考察时发现，乙腈的效果最好，在 140℃ 时，化合物 11a 有 68% 的收率（见表 2-5 第 10~14 行）。然而，在三乙胺和乙腈的反应体系中，延长反应时间和提高反应温度，均不能促进反应的进程（见表 2-5 第 15、16 行）。通过实验数据对比发现，对于合成氮杂环丙烷化合物 11 的最优条件为：Et_3N（2.0 当量）、乙腈为溶剂，微波 140℃，反应 10min。

表 2-5 合成氮杂环丙烷 11a 条件优化[①]

行	溶剂	碱	碱用量	反应温度 /℃	反应时间 /min	收率[①]/%
1	DMF	TEOA	5.0	微波 130	10	12
2	DMF	TEOA	2.0	微波 130	10	43
3	DMF	TEOA	2.0	微波 140	10	47
4	DMF	TEOA	2.0	微波 150	10	28
5	DMF	TEOA	1.0	微波 140	10	33
6	DMF	Et_3N	2.0	微波 140	10	45
7	DMF	DIPEA	2.0	微波 140	10	23
8	DMF	DIPA	2.0	微波 140	10	15
9	DMF	DBU	2.0	微波 140	10	5
10	DMSO	Et_3N	2.0	微波 140	10	36
11	MeOH	Et_3N	2.0	微波 140	10	痕量
12	DCE	Et_3N	2.0	微波 140	10	痕量
13	THF	Et_3N	2.0	微波 140	10	痕量
14	**MeCN**	**Et_3N**	**2.0**	**微波 140**	**10**	**73(68)[②]**
15	MeCN	Et_3N	2.0	微波 140	20	61
16	MeCN	Et_3N	2.0	微波 150	10	42

①反应条件：0.1mmol 5b 在 1.0mL 溶剂；HPLC 收率（%）在 254nm。

②分离收率。

2.2.3.3 氮杂环丙烷 11 底物适用性研究

在最优的反应条件下，我们对反应的普适性进行考察（见表 2-6）。该反应体系中，使用的胺都为芳香胺，脂肪胺在此体系条件下不能顺利地反应。

同时含有吸电子取代基苯胺的底物，可以被高效地转化为对应的氮杂环丙烷。在异腈的部分，使用环己基异腈、苯乙基异腈、苄基异腈和取代的苄基异腈为起始原料，反应都能顺利发生，具有中等以上的收率。在 Et_3N 为催化剂时，乌吉串联能够高效地合成 9 个氮杂环丙烷类化合物，收率在 55% ~ 68% 之间。

氮杂环丙烷 11 的底物拓展的化学式为：

表 2-6　氮杂环丙烷 11 的底物拓展[①]

行	R^1	R^2	R^3	编号	产　物	收率/%
1	C_6H_5	$3\text{-}CF_3C_6H_4$	Bn	11a		68
2	$4\text{-}BrC_6H_4$	$4\text{-}BrC_6H_4$	Bn	11b		58
3	C_6H_5	C_6H_5	Bn	11c		61

行	R^1	R^2	R^3	编号	产 物	收率/%
4	C_6H_5	$4\text{-}BrC_6H_4$	$C_6H_5(CH_2)_2$	11d		55
5	C_6H_5	$3\text{-}BrC_6H_4$	Bn	11e		60
6	C_6H_5	C_6H_5	$c\text{-}Hex$	11f		67
7	C_6H_5	$4\text{-}BrC_6H_4$	Bn	11g		62

行	R¹	R²	R³	编号	产　物	收率/%
8	C₆H₅	4-BrC₆H₄	4-MeBn	11h	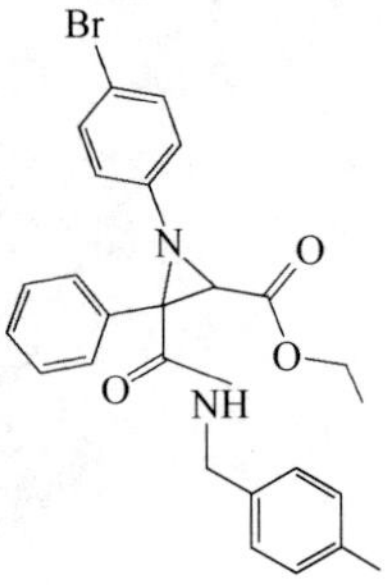	60
9	C₆H₅	4-BrC₆H₄	4-ClBn	11i	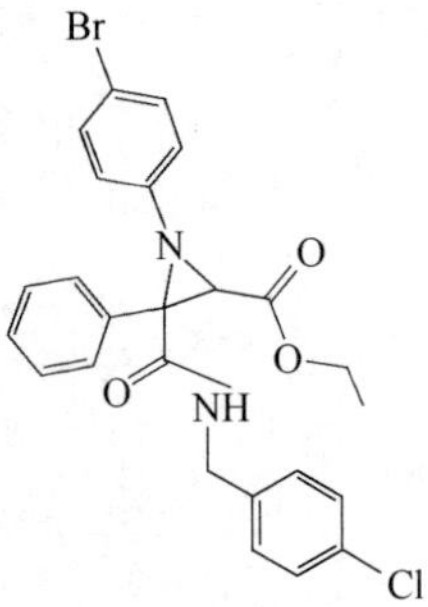	64

①反应条件：（1）0.5mmol 醛，0.5mmol 胺，0.5mmol 酸，0.5mmol 异腈在 1.0mL MeOH；（2）Et₃N(2.0当量)，MeCN(3.0mL)，一锅法收率。

2.2.3.4　氮杂环丙烷 11 的反应机理探究

通过起始原料 12 结构和目标产物 11 的结构对比，不难看出，其中的C-1和C-2 的位置发生互换。因此在这过程中肯定经历了重排反应。我们对该反应的路径做了如下的推测（如图 2-10 所示）。12 在碱性条件下，发生 C—C键离去，形成中间体亚甲基负离子 13-1 和酰基正离子 13-2。13-1 经过烯醇的转化、苯环的电子云重排，形成中间体 14。碳负离子对烯醇结构发生进攻，类似于分子内的羟醛缩合反应，然后烯醇结构将电子转移到酰基正离子上，完成新的 C—C 键的形成，得到中间体 15。酰胺上的氮原子与羰基 α 位碳原子发生反应，同时发生 C—C 键的断裂，形成中间体 16。碳负离子对醇羟基上的碳正离子进攻，发生消除反应，脱去一分子水，得到最终目标产物 11。

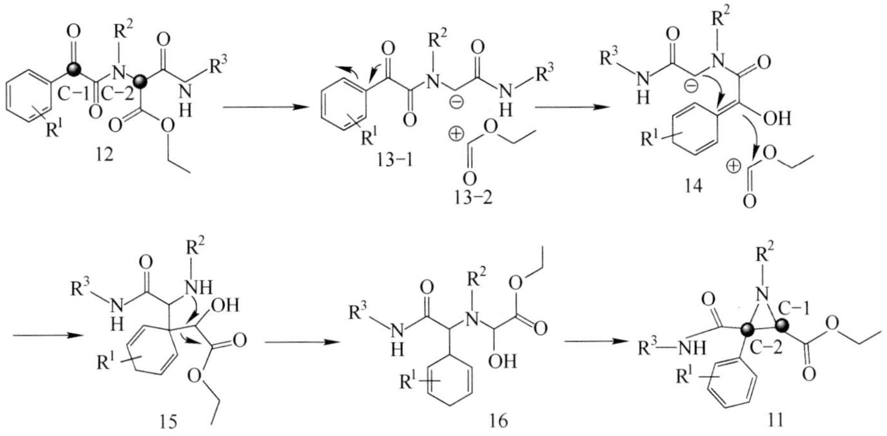

图 2-10 氮杂环丙烷 11 的反应机理研究

2.2.4 合成吲哚酮并嘧啶酮 20 的研究

2.2.4.1 合成吲哚酮并嘧啶酮 20 反应路径

基于此前我们对合成吡咯二酮、氮杂环丙烷并吡咯烷酮和氮杂环丙烷等反应的研究发现，在胺源的部分，引入的胺都是芳胺类的结构，而其他类型的胺在上述的体系都不能够被兼容。因此，下面体系中，我们引入邻位甲酯取代的苯胺，并对此体系进一步研究，希望能够衍生出更多类型、结构更为复杂的氮杂化合物。因此我们设计了以对甲基苯甲酰甲酸、氨茚酸甲酯、乙醛酸乙酯、苄基异腈为起始原料，构建乌吉模板反应（如图 2-11 所示）。在此前研究发现，乙醛酸乙酯的部分如果要发生 C—C 键的离去，都是在碱作为催化剂的条件下。因此，在该体系中，我们继续考察碱为催化剂时，该反应的效果。当我们使用 DIPA 为催化剂、DMF 为溶剂、微波 60℃、10min 的条件下，在 LC-MS 的跟踪下，发现有新的化合物生成，经过分离后，其收率为 43%。通过高分辨质谱、核磁我们对化合物 20a 结构进行了验证。此后，单晶衍射实验中，我们对化合物 20a 的结构进一步确认（如图 2-12 所示）。

2.2.4.2 优化合成吲哚酮并嘧啶酮类化合物 20 条件

在对化合物 20a 结构确定之后，我们对影响反应的因素做了细致的考察（见表 2-7）。首先我们对反应的温度进行了研究，当以 DIPA 为催化剂时，反应的收率也在随着温度的升高逐渐降低；当延长反应时间至 20min 时，反

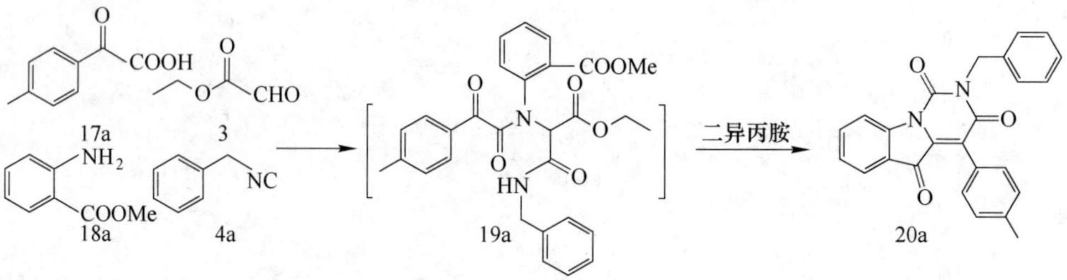

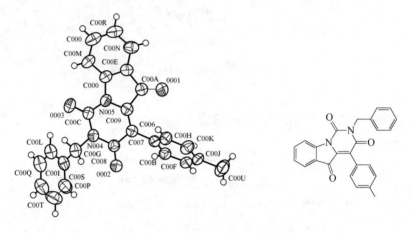

图 2-11　合成吲哚酮并嘧啶酮 20a

图 2-12　化合物 20a 的单晶结构

应的收率达到了 55%（见表 2-7 第 1～4 行）。此后，我们考察了碱和溶剂对反应的影响，通过实验结果发现，最优的碱为 DBU（见表 2-7 第 5～12 行）。此后，分别考察碱的量和反应在酸性条件下的效果（见表 2-7 第 13～16 行），通过数据对比，发现该反应的最优条件为 DBU（2.0 当量）、微波 80℃、10min，反应的收率达到 73%（见表 2-7 第 5 行）。

表 2-7　合成吲哚酮并嘧啶酮类化合物 20a 条件优化

行	溶剂	添加剂	添加剂用量	反应温度/℃	反应时间/min	收率[①]/%
1	DMF	DIPA	2.0	微波 60	10	43
2	DMF	DIPA	2.0	微波 80	10	62
3	DMF	DIPA	2.0	微波 100	10	51
4	DMF	DIPA	2.0	微波 80	20	55

行	溶剂	添加剂	添加剂用量	反应温度/℃	反应时间/min	收率[①]/%
5	**DMF**	**DBU**	**2.0**	**微波 80**	**10**	**80（73）[②]**
6	DMF	DABCO	2.0	微波 80	10	70
7	DMF	TEA	2.0	微波 80	10	26
8	DMF	DIPEA	2.0	微波 80	10	34
9	DMSO	DBU	2.0	微波 80	10	30
10	THF	DBU	2.0	微波 80	10	不反应
11	MeOH	DBU	2.0	微波 80	10	不反应
12	MeCN	DBU	2.0	微波 80	10	不反应
13	DMF	DBU	1.5	微波 80	10	不反应
14	DMF	DBU	2.5	微波 80	10	不反应
15	10%TFA/DCE			微波 80	10	不反应
16	10%HCl/AcOH			微波 80	10	不反应

①反应条件：0.1mmol 19a 在 1.5mL DMF 或 1.0mL 酸性溶剂；HPLC 收率(%)在 254nm。

②分离收率。

2.2.4.3 吲哚酮并嘧啶酮 20 底物适用性研究

在最优条件为 DBU、DMF、微波 80℃、10min 时，我们考察该反应的底物适用性(见表 2-8)。在乌吉的起始原料中，在异腈的部分引入了苯乙基异腈、苄基异腈、环己基异腈和 2,6-二甲基苯基异腈，在羧酸部分引入对溴苯甲酰甲酸、对甲基苯甲酰甲酸、对甲氧基苯甲酰甲酸、苯甲酰甲酸、胡椒基苯甲酰甲酸，发现这些底物在该反应过程中都能够高效地被兼容，并且这些底物合成的乌吉加合产物，在最优条件下都被高效地转化为对应的产物，合成的 16 个吲哚酮并嘧啶酮类化合物，收率为 59%~75%。

吲哚酮并嘧啶酮 20 底物拓展的化学式为：

表 2-8　吲哚酮并嘧啶酮 20 底物拓展[①]

行	R^1	R^2	编号	产　物	收率/%
1	4-MeC$_6$H$_4$	Bn	11a		73
2	C$_6$H$_5$	C$_6$H$_5$(CH$_2$)$_2$	11b		64
3	4-BrC$_6$H$_4$	Bn	11c		61
4	4-MeOC$_6$H$_4$	Bn	11d		75
5	C$_6$H$_5$	c-Hex	11e		68
6	C$_6$H$_5$	Bn	11f		69

行	R^1	R^2	编号	产　物	收率/%
7	4-MeOC$_6$H$_4$	c-Hex	11g		65
8	胡椒基	c-Hex	11h		67
9	胡椒基	C$_6$H$_5$(CH$_2$)$_2$	11i		74
10	胡椒基	2,6-(CH$_3$)$_2$C$_6$H$_3$	20j		59
11	胡椒基	Bn	20k		62

行	R^1	R^2	编号	产　物	收率/%
12	$4\text{-BrC}_6\text{H}_4$	$C_6H_5(CH_2)_2$	20l		64
13	$4\text{-MeOC}_6\text{H}_4$	$C_6H_5(CH_2)_2$	20m		67
14	$4\text{-BrC}_6\text{H}_4$	$2,6\text{-}(CH_3)_2C_6H_3$	20n		70
15	C_6H_5	$2,6\text{-}(CH_3)_2C_6H_3$	20o		71
16	$4\text{-MeOC}_6\text{H}_4$	$2,6\text{-}(CH_3)_2C_6H_3$	20p		61

①反应条件：（1）0.5mmol 醛，0.5mmol 胺，0.5mmol 酸，0.5mmol 异腈在 1.0mL MeOH；（2）DBU（2.0 当量），DMF（3.0mL），一锅法收率。

2.2.4.4 吲哚酮并嘧啶酮 20 反应机理探究

在获得目标产物之后，我们对提出了可能的反应机理(如图 2-13 所示)。通过乌吉四组分反应，在室温条件下得到乌吉的加合产物 19。在最优条件下，乙醛酸乙酯的部分发生酯的水解、脱羧酸等反应，得到含有活泼亚甲基的中间体 21，通过烯醇化的作用，得到中间体 22。经过分子内羟醛缩合反应得到氮杂环丁酮类化合物 23。基于此前四元杂环化合物的开环反应的机理，环丁酮经过开环反应，并对甲酯部分发生亲核取代反应，得到吲哚酮中间体 24。化合物 24 中的碳负离子再次与酮羰基发生羟醛缩合反应，得到吲哚酮并环丁酮类化合物 25。酰胺的氮原子对四元环亲核进攻，发生开环反应，得到螺环化合物 26。由于螺原子的邻位都连接着吸电子基团(酮羰基)，因此该结构不稳定，发生重排反应，再经过分子内脱水，获得目标化合物 20。

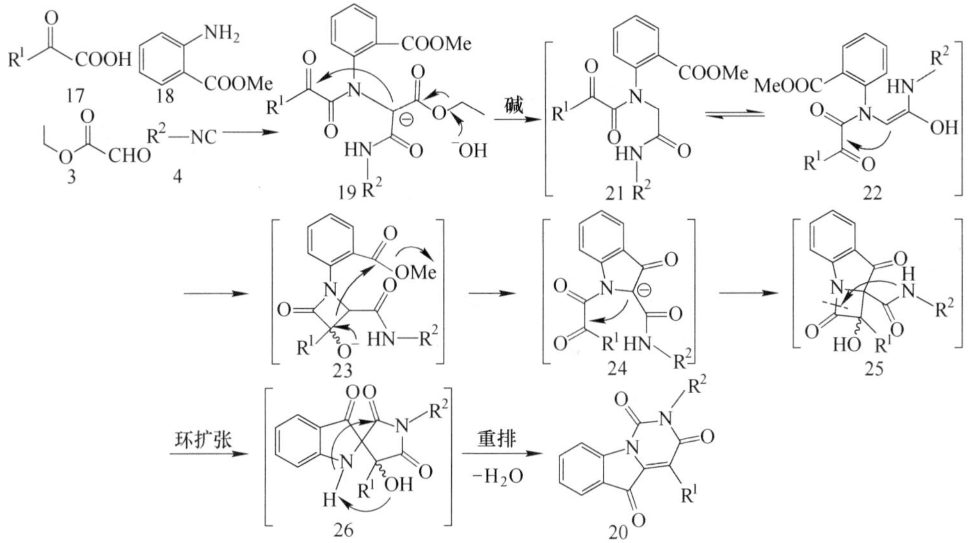

图 2-13 合成吲哚酮并嘧啶酮 20 的反应机理推测

2.3 本章小结

在本章中，我们利用苯甲酰甲酸、芳胺、乙醛酸乙酯和异腈为起始原料，构建乌吉反应，开发了无金属催化乌吉串联反应合成氮杂环化合物。

(1)以苯甲酰甲酸、苯胺类、乙醛酸乙酯和异腈为起始原料，合成乌吉加成产物。在 2.0 当量 DBU、DMF、微波 140℃、10min 的作用下，乌吉加合产物实现了一锅法合成 12 个吡咯二酮类化合物 9，收率为 56%~78%。

（2）当以苯甲酰甲酸、苯胺类、乙醛酸乙酯和异腈为起始原料获得的起始原料，在以 TEOA 为催化剂时，底物还可以被高效地转化为氮杂环丙烷并吡咯烷酮类化合物。在最优条件为 TEOA（5.0 当量）、微波 130℃、10min 时，获得了 11 个目标产物 10，收率为 58%~72%。当反应温度进一步升高至 170℃时，化合物 10 会向化合物 9 转化。

（3）当对苯甲酰甲酸、苯胺类、乙醛酸乙酯和异腈合成的加合产物进一步考察时，我们发现，当反应条件为 Et$_3$N（2.0 当量）、MeCN、微波 140℃、10min 时，乌吉加合产物能够被转化为氮杂环丙烷类衍生物 11，收率在 55%~68%。

（4）以苯甲酰甲酸、氨茴酸甲酯、乙醛酸乙酯和异腈为起始原料构建的乌吉反应中，在 DBU 的碱性条件下，加合产物会转化为对应的吲哚酮并嘧啶衍生物 20，在最优条件为 DBU（2.0 当量）、DMF、微波 80℃、10min 时，16 个目标化合物被合成，收率为 59%~75%。

在此前合成小环化合物和复杂结构的杂环化合物的方法中，大部分工作都具有一定的局限性：金属催化剂或者起始原料复杂。在本书中，应用简单的乌吉反应，合成了所需要的乌吉加合产物。通过无金属催化乌吉串联合成路线，开发了小环化合物（氮杂环丙烷并吡咯烷酮和氮杂环丙烷）新合成思路，为研究小环化合物提供了重要的理论基础和合成思路。

3 酸催化乌吉串联反应
合成吲哚类衍生物

3.1 吲哚类化合物合成简述

异吲哚啉酮是吲哚类衍生物家族中重要的一员，作为重要的药用活性单元，广泛分布在活性分子中，表现出强大的药用价值。在乌吉反应中，关于吲哚类衍生物的合成方法被广泛报道。Van der Eycken 课题组基于乌吉串联反应，合成了许多类型的吲哚衍生物，其中主要是以吲哚醛为乌吉反应醛的来源，在金催化剂的作用下，实现了吲哚类螺环化合物、吲哚并环庚酮和吲哚并哌啶类化合物的合成。而其他反应体系，主要是在过渡金属催化乌吉串联反应体系中构建吲哚类化合物。在这些工作中，主要是以邻溴苯甲醛、邻碘苯甲醛、邻溴苯胺和邻羟基苯胺等分子模块为乌吉的起始原料，来构建乌吉反应。在获得乌吉加合产物后，选择相应的金属催化体系，通过分子内的 C—N 偶联反应，高效合成含有吲哚结构单元的杂环化合物。

此外，邻甲酰基苯甲酸甲酯在多组分反应中是一类重要的合成子[72~75]，其中官能团——醛基和酯基很容易被引入到目标分子中。同时，以邻甲酰苯甲酸甲酯为乌吉反应的起始原料，运用甲酯部分进行关环反应，形成酰胺类化合物，是一种重要的有机合成方法。邻甲酰基苯甲酸甲酯比邻甲酰基苯甲酰甲酸在反应中的效果更好，因为酯基的部分在反应中更稳定。鉴于我们长期致力于乌吉反应的研究，在乌吉串联反应中，甲酯部分将是一个很好的反应位点，为开发新型的杂环化合物提供了有效的反应基团[76]。

综上所述，我们利用以邻甲酰基苯甲酸甲酯 27 作为合成子，在乌吉反应中，通过无金属催化乌吉串联反应来实现吲哚类衍生物的合成。因此，我们设计如下 4 条乌吉串联反应路径合成 4 类吲哚类化合物（如图 3-1 所示）。

路径 A：以邻甲酰基苯甲酸甲酯、2,4-二甲氧基苄胺、酸、异腈为起始

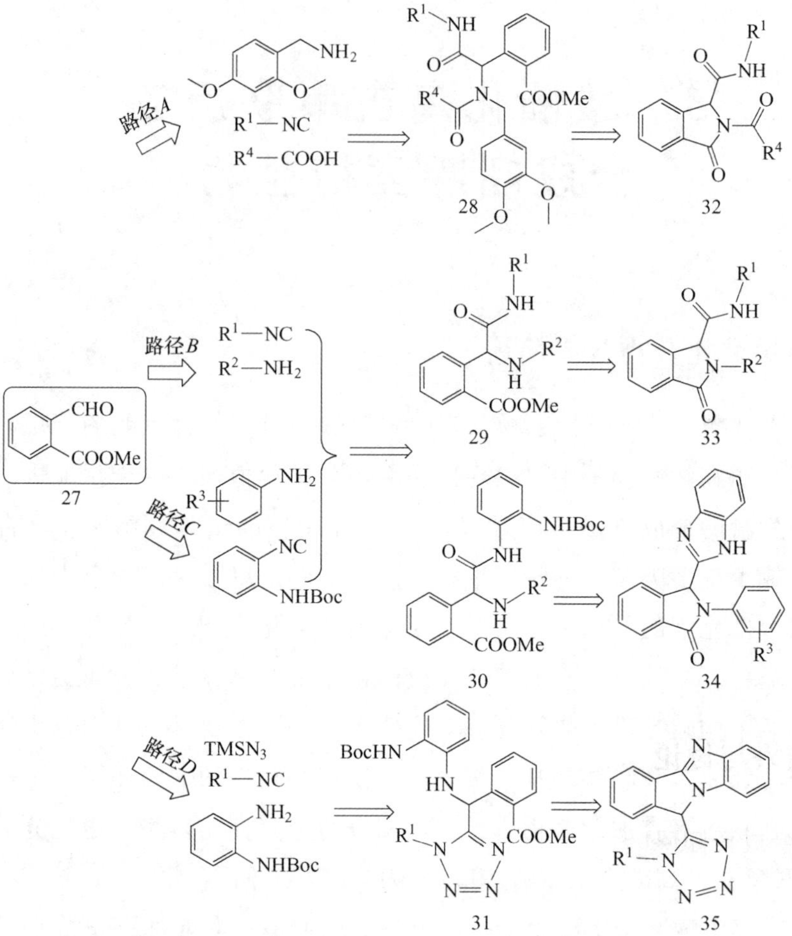

图 3-1　设计无金属催化的乌吉串联反应合成吲哚类衍生物

原料构建乌吉的加合产物 28。在酸性条件下，加合产物中的 2,4-二甲氧基苄胺很容易离去，离去后的氮原子活性大大提高[77]。因此我们推测可以通过氮原子与苯甲酸甲酯的部分发生分子内的酰胺反应，从而形成最终的目标产物异吲哚啉酮类化合物 32。

　　路径 B：在路径 A 中，我们发现 2,4-二甲氧基苄胺的部分在酸性条件下，会发生离去，然后形成仲胺的结构再发生环合反应。因此我们设计无酸的乌吉三组分反应，起始原料为：邻甲酰基苯甲酸甲酯、胺、异腈。在 PPOA（苯膦酸）的催化下，起始原料应能顺利堆砌成目标加合产物 29，其中在化合物 29 的结构中，包含了仲胺的结构，仲胺与酯基部分发生分子内酰胺化，因此我们猜想可以通过同样的成环方式来构建异吲哚啉酮类化合物33。

路径C：通过路径B的反应路线，我们发现设计的目标产物中，异腈部分并未参加关环反应。因此在这部分工作中，我们在异腈部分引入叔丁氧羰基保护的胺基，进一步丰富异吲哚啉酮类化合物的种类。在PPOA条件下，成功地合成乌吉的加合产物30。考虑在酸性条件下，胺基脱保护同时发生关环反应形成苯并咪唑的结构。起始原料中，胺的部分与甲酯发生酰胺化反应，通过一锅法的两步环合反应，合成苯并咪唑-异吲哚啉酮的双环化合物34。

路径D：基于路径C三组分乌吉反应的设计，设计以TMSN$_3$（叠氮三甲基硅烷）为乌吉反应中酸的组分，以N-Boc-邻苯二胺替代苯胺，在室温的条件下，叠氮部分与异腈可以高效构建四氮唑31。在酸性条件下，氨基脱保护，可以与酰胺形成苯并咪唑环，而苯并咪唑环的氮原子，可以进一步发生分子内的酰胺化，因此可以通过引入TMSN$_3$和叔丁氧羰基单保护的邻苯二胺来构建乌吉反应，经过一锅法中的4个反应步骤，形成四氮唑-苯并咪唑并异吲哚啉类化合物35。

3.2　结果与讨论

3.2.1　合成异吲哚啉酮32的研究

3.2.1.1　合成异吲哚啉酮32的反应路径

根据实验设计路线，我们选取乌吉反应的起始原料邻甲酰基苯甲酸甲酯、2,4-二甲氧基苄胺、苄基异腈、邻氟苯甲酸，在甲醇为溶剂的体系中，高效地合成了加合产物28a（如图3-2所示）。根据我们课题组的前期工作基础，发现10% TFA/DCE的催化体系能够很好地适用于分子内酰胺化反应中。因此我们首先考虑了10% TFA/DCE体系对该反应的作用。在该酸性条件下，通过LC-MS的跟踪检测，能够检测到目标化合物的相对分子质量。在这基础之上，我们对反应进行后处理，对产物分离纯化后，通过LC-MS、高分辨质谱、核磁等表征手段，确定了目标化合物32a的结构。

3.2.1.2　优化合成异吲哚啉酮32反应条件

根据拟定的反应路线，我们对反应条件进行了优化（见表3-1）。首先，

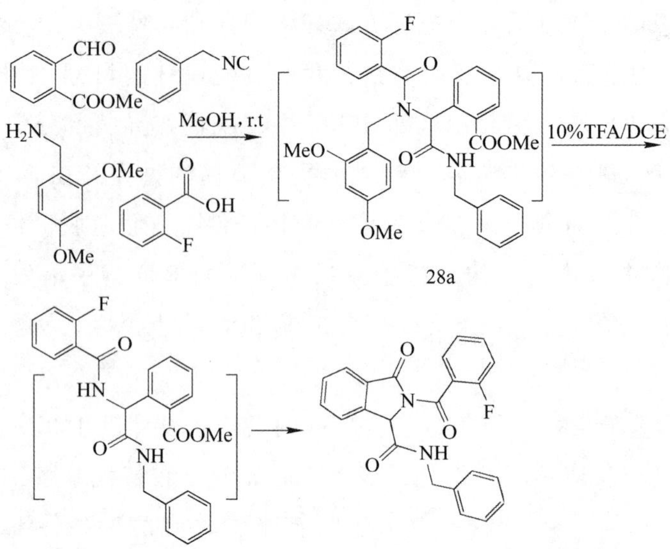

图 3-2　三氟乙酸催化乌吉串联反应合成异吲哚啉酮 32a

在室温条件下，选择的模板底物在甲醇的混合体系中，得到乌吉加合产物。此后，用 10% TFA/DCE 的催化体系，考察该反应体系对于合成异吲哚啉酮类化合物的反应效果。在微波反应器中，反应体系的温度从 60℃ 升至 120℃ 时，收率随着温度的升高而不断地提高（见表 3-1 第 1~4 行）。其中当反应温度为 120℃ 时，反应时间为 10min 的条件下，反应的液相收率达到了 82%。当继续提高反应温度至 130℃ 时，反应液相收率下降到 58%（见表 3-1 第 5 行）。在最优的反应温度下，考察反应时间对反应的影响，当反应时间延长至 20min 时，液相收率为 67%（见表 3-1 第 6 行）。我们猜测是，在反应温度为 130℃ 和反应时间为 20min 的条件下，乌吉产物有部分分解，导致反应收率下降。对酸性体系进一步考察时，发现在 5% HCl/AcOH 和 10% HCl/AcOH 的催化体系中，反应收率都有不同程度的降低（见表 3-1 第 7、8 行）。根据反应条件的筛选情况，我们最终选择最优条件为：10% TFA/DCE、微波 120℃、10min。

表 3-1　合成异吲哚啉酮 32 的条件优化[①]

行	酸性溶液	温度/℃	时间/min	收率[①]/%
1	10% TFA/DCE	微波 60	10	10

行	酸性溶液	温度/℃	时间/min	收率[①]/%
2	10% TFA/DCE	微波 80	10	21
3	10% TFA/DCE	微波 100	10	63
4	**10% TFA/DCE**	**微波 120**	**10**	**82（66）[②]**
5	10% TFA/DCE	微波 130	10	58
6	10% TFA/DCE	微波 120	20	67
7	5% HCl/AcOH	微波 120	10	52
8	10% HCl/AcOH	微波 120	10	36

①反应条件：0.3mmol 化合物 28a 在 1.5mL 10% TFA/DCE；HPLC 收率（%）在 254nm。

②分离收率。

3.2.1.3 异吲哚啉酮 32 底物普适性研究

获得最优的反应条件：10% TFA/DCE、微波 120℃、10min，我们对反应的普适性进行考察（见表 3-2）。使用一锅法的反应路线，在得到乌吉的加合产物后，对其粗产物不进行分离，将溶剂蒸干后，直接用于 10% TFA/DCE、微波 120℃、10min 的反应条件下。考察对氯苯乙酸、邻氟苯甲酸、2,4-二氯苯乙酸、对甲氧基苯乙酸、苄基异腈、环己基异腈等原料在反应中的效果。通过最终的结果发现，这些底物都能被很好地应用于该体系中，并且高效转化为对应的异吲哚啉酮类化合物，收率 51%~68% 之间。

异吲哚啉酮 32 底物拓展化学式为：

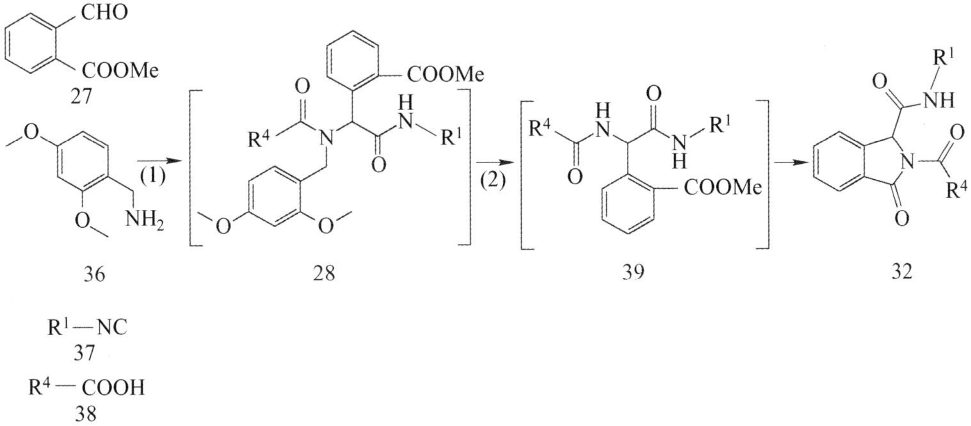

R^1—NC
37

R^4—COOH
38

表 3-2　异吲哚啉酮 32 底物拓展[①]

行	R^1	R^4	编号	产　物	收率/%
1	Bn	$2\text{-FC}_6\text{H}_4$	32a		66
2	$c\text{-Hex}$	$2\text{-FC}_6\text{H}_4$	32b		68
3	Bn	$4\text{-ClC}_6\text{H}_4(\text{CH}_2)$	32c		53
4	Bn	$3,4\text{-Cl}_2\text{C}_6\text{H}_3(\text{CH}_2)$	32d		51
5	Bn	$4\text{-MeOC}_6\text{H}_4(\text{CH}_2)$	32e		56
6	$c\text{-Hex}$	$4\text{-ClC}_6\text{H}_4(\text{CH}_2)$	32f		58

①反应条件：（1）0.5mmol 醛，0.5mmol 胺，0.5mmol 酸，0.5mmol 异腈在 1.0mL MeOH；（2）3.0mL 10% TFA/DCE，一锅法分离收率。

3.2.2 合成异吲哚啉酮 33 的研究

3.2.2.1 合成异吲哚啉酮 33 反应路径

由于乌吉对于合成氮杂环化合物具有天然的优势，因此乌吉的衍生反应也被相继发现。其中，用催化量的酸构建的无酸参与的三组分乌吉反应，也被化学家广泛用于合成杂环化合物[78]。基于我们对四组分乌吉反应合成异吲哚酮类衍生物的研究，我们设计了酸催化的三组分乌吉合成异吲哚啉酮类化合物（如图 3-3 所示）。在 PPOA 的催化作用下，以苄基异腈、苯胺和邻甲酰基苯甲酸甲酯为起始原料的三组分乌吉反应，合成加合产物 29a。由于加合产物中，仲胺部分氮原子活性比酰胺中氮原子活性高，所以仲胺应该优先与甲酯发生酰胺化反应，形成异吲哚啉酮类化合物。基于 10% TFA/DCE 催化体系对应的酰胺化反应的效果，因此，在该反应路径中，我们继续考虑三氟乙酸的催化条件。通过对目标产物的分离纯化，最终获得异吲哚啉酮类化合物。经过 LC-MS、高分辨质谱、核磁等表征手段，确定了化合物 33a 的结构。

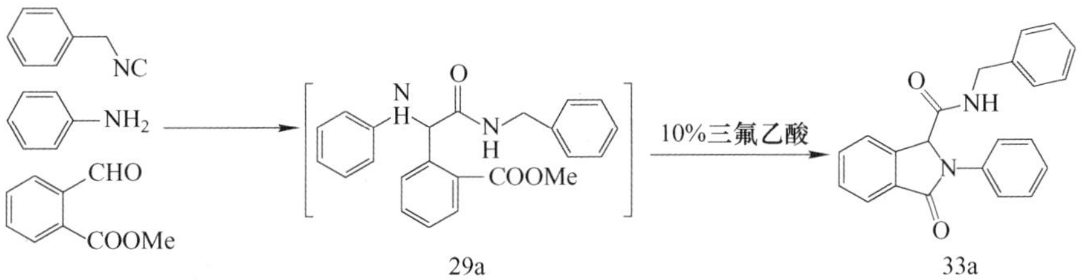

图 3-3 TFA 催化的乌吉串联-3CR 反应合成异吲哚啉酮 33a

3.2.2.2 优化合成异吲哚啉酮 33 的反应条件

在获得目标产物之后，我们对反应条件进行进一步的筛选，首先考察了 10% TFA/DCE、微波 120℃、10min 的反应条件。发现在该条件下，化合物 33a 的分离收率为 67%（见表 3-3 第 1 行）。在对反应温度和反应时间等影响因素研究时，发现目标产物的液相收率都低于 120℃、10min 反应条件下的收率（见表 3-3 第 2~5 行）。在此体系中，我们进一步考察了三氟乙酸的浓度对酰胺化反应的影响，通过 LC-MS 的检测结果，该反应在 5% TFA/DCE 和 15% TFA/DCE 的条件下，都不能很好地进行，只有中等左右的收率（见表 3-3

第 6、7 行)。在 5%HCl/AcOH 和 5% HCl/AcOH 的催化体系中，该酰胺化反应的效率相比之前更差。因此通过实验数据对比发现，该反应的最佳条件为：10% TFA/DCE、微波 120℃、10min。

表 3-3 合成异吲哚啉酮 33 的条件优化[①]

行	酸性条件	温度/℃	时间/min	收率[①]/%
1	**10% TFA/DCE**	**微波 120**	**10**	**76(67)[②]**
2	10% TFA/DCE	微波 130	10	61
3	10% TFA/DCE	微波 110	10	66
4	10% TFA/DCE	微波 120	20	58
5	10% TFA/DCE	微波 120	5	42
6	5% TFA/DCE	微波 120	10	36
7	15% TFA/DCE	微波 120	10	54
8	5%HCl/AcOH	微波 120	10	49
9	10% HCl/AcOH	微波 120	10	33

①反应条件：0.3mmol 29a 在 1.5mL 10% TFA/DCE；HPLC 收率(%)在 254nm。

②分离收率。

3.2.2.3 异吲哚啉酮 33 底物普适性研究

在获得最佳的反应条件：10% TFA/DCE、微波 120℃、10min 后，我们对 TFA 催化乌吉串联-3CR 反应合成异吲哚啉酮 33 进行底物拓展(见表 3-4)。通过一锅法的合成思路，得到乌吉的加合产物后，直接蒸干溶剂，将粗品用于 10% TFA/DCE、微波 120℃、10min 的反应条件下。最终合成了 8 个异吲哚啉酮类化合物，收率为 56%~72%。

异吲哚啉酮 33 底物拓展的反应式为：

表 3-4　异吲哚啉酮 33 底物拓展[①]

行	R^1	R^2	编号	产　物	收率/%
1	Bn	C_6H_5	33a		67
2	Bn	$2\text{-}FC_6H_4$	33b		58
3	$2\text{-}BrC_6H_4$	C_6H_5	33c		56
4	$2\text{-}BrC_6H_4$	$2\text{-}FC_6H_4$	33d		64
5	$c\text{-}Hex$	C_6H_5	33e		72
6	$c\text{-}Hex$	$2\text{-}FC_6H_4$	33f		57

行	R^1	R^2	编号	产　物	收率/%
7	c-Hex	2-BrC$_6$H$_4$	33g	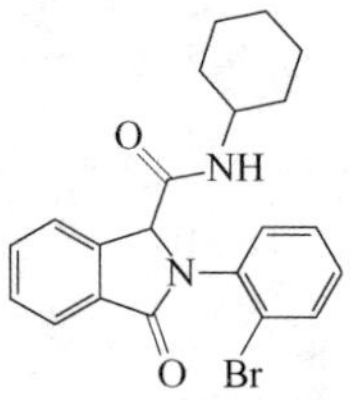	66
8	c-Hex	Bn	33h	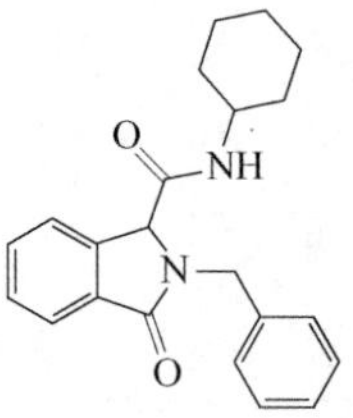	70

①反应条件： （1）0.5mmol 醛，0.5mmol 胺，0.05mmol 苯基磷酸，0.5mmol 异腈在 1.0mL
MeOH；（2）3.0mL 10% TFA/DCE，一锅法分离收率。

3.2.3　合成异吲哚啉酮-苯并咪唑 34 的研究

3.2.3.1　合成异吲哚啉酮-苯并咪唑 34 反应路径

基于 PPOA 催化的三组分乌吉反应的研究，我们对酸催化的乌吉串联反
应类型做进一步延伸，希望获取结构更为复杂的氮杂环化合物。在此体系
中，我们考虑对异腈做简单的变化。我们设计邻甲酰基苯甲酸甲酯、对氯苯
胺和 N-Boc-2-氨基苯基异腈为起始原料，构建乌吉反应的模板底物（如图 3-4
所示）。在异腈中，有邻位叔丁氧羰基保护的胺基在酸性条件下，发生脱保
护的反应，因此，裸露出的氨基是一个很好的反应基团。根据前期 10%
TFA/DCE 体系促进分子内酰胺化反应的高效性，我们将乌吉的加合产物
30a，置于 10% TFA/DCE 的混合溶液中。我们设想加合产物中的仲胺在酸性
条件下，首先发生分子内的酰胺化反应，从而得到中间体 41a。在反应的原
位中，酸性条件下，使得异腈上的氨基发生脱保护反应生成化合物 42a。此
时的 42a 中含有活泼的氨基，而氨基在酸性条件下，很容易与酰胺发生关环
反应，形成苯并咪唑环。在室温条件下，TLC 检测判定乌吉的进程。反应结
束后，将溶剂旋干，获得乌吉产物的粗品。此后该粗品不经过分离，直接用

于下一步的反应。通过对生成的新化合物分离提纯，得到最终目标化合物
34a。经过 LC-MS、高分辨质谱、核磁等表征手段，确定了 34a 的结构。

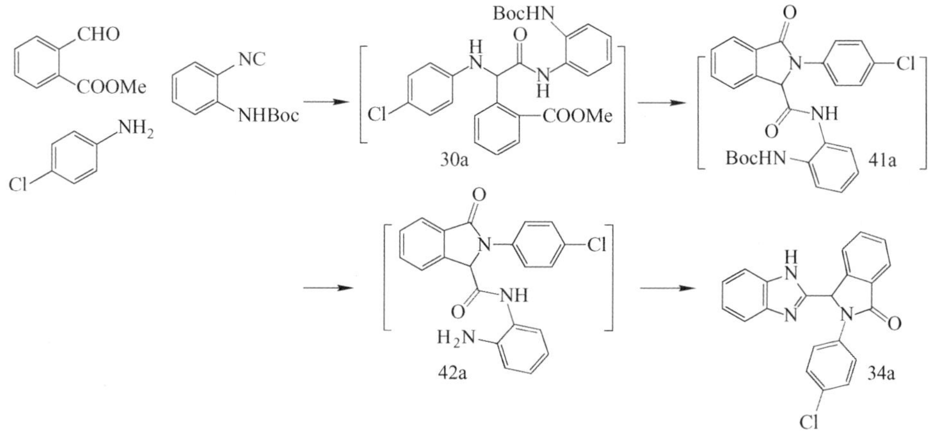

图 3-4　设计合成异吲哚啉酮-苯并咪唑类化合物 34a 的反应路线

3.2.3.2　优化合成异吲哚啉酮-苯并咪唑类化合物 34 的反应条件

确定化合物 34a 结构之后，我们进一步优化三氟乙酸的催化体系，以提
高反应的收率（见表 3-5）。将合成的乌吉产物 30a 置于 10% TFA/DCE、微波
120℃、10min 的反应条件下，得到目标产物 62%（见表 3-5 第 1 行）。在之
后，我们考察反应温度、反应时间和三氟乙酸的浓度对反应的影响（见表
3-5 第 2~6 行）。通过实验结果，发现最优的条件还是 10% TFA/DCE、微波
120℃、10min。同时 HCl/AcOH 体系和相应的反应温度都做了一一考察，最
终结果都不是很理想（见表 3-5 第 7~10 行）。通过数据对比，最优条件为：
10% TFA/DCE、微波 120℃、10min。

表 3-5　合成异吲哚啉酮-苯并咪唑 34 条件优化[①]

行	催化剂	温度/℃	时间/min	收率[①]/%
1	**10% TFA/DCE**	**微波 120**	**10**	**80（62）[②]**
2	10% TFA/DCE	微波 120	20	70
3	10% TFA/DCE	微波 110	10	65
4	10% TFA/DCE	微波 130	10	62

行	催化剂	温度/℃	时间/min	收率[①]/%
5	5% TFA/DCE	微波 120	10	43
6	15% TFA/DCE	微波 120	10	62
7	5% HCl/AcOH	微波 120	10	21
8	5% HCl/AcOH	微波 130	10	22
9	5% HCl/AcOH	微波 110	10	32
10	10% HCl/AcOH	微波 120	10	17

①反应条件：0.3mmol 化合物 30a 在 1.5mL 10% TFA/DCE；HPLC 收率在 254nm。

②分离收率。

3.2.3.3　异吲哚啉酮-苯并咪唑 34 底物普适性研究

在获得最优条件：10% TFA/DCE、微波 120℃、10min 后，对反应的普适性进行考察（见表 3-6）。通过在乌吉反应中引入 4-氯苯胺、苯胺、3-溴苯胺、2-溴苯胺、3-氟苯胺、4-溴苯胺、4-氯苯胺、4-氟苯胺、邻甲酰基苯甲酸甲酯、邻叔丁氧羰基保护的胺基苯基异腈构建加合产物，合成异吲哚啉酮-苯并咪唑类化合物 34，收率为 57%~70%。

异吲哚啉酮-苯并咪唑 34 底物拓展化学式为：

表 3-6 异吲哚啉酮-苯并咪唑 34 底物拓展[①]

行	R^1	编号	产 物	收率/%
1	4-ClC$_6$H$_4$	34a		62
2	C$_6$H$_5$	34b		59
3	2-BrC$_6$H$_4$	34c		64
4	3-BrC$_6$H$_4$	34d		57
5	3-FC$_6$H$_4$	34e		70
6	4-BrC$_6$H$_4$	34f		66

行	R¹	编号	产　　物	收率/%
7	2-ClC₆H₄	34g	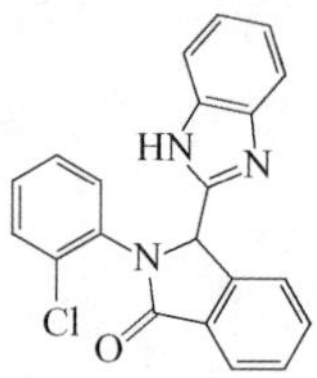	63
8	4-FC₆H₄	34h	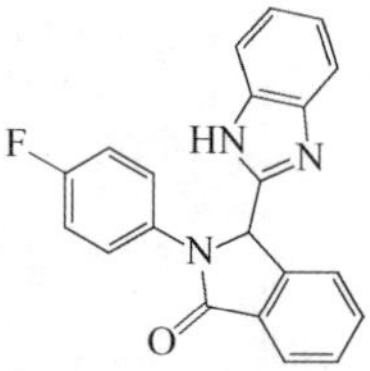	68

①反应条件：（1）0.5mmol 醛，0.5mmol 胺，0.05mmol 苯基磷酸，0.5mmol 异腈在 1.0mL MeOH；（2）3.0mL 10% TFA/DCE，一锅法分离收率。

3.2.4　合成四氮唑-异吲哚啉并苯并咪唑 35 的研究

3.2.4.1　合成异吲哚啉并苯并咪唑 35 反应路径

在路径 D 中，以 TMSN₃、苄基异腈、叔丁氧羰基单保护的邻苯二胺、邻甲酰基苯甲酸甲酯为乌吉反应的四组分原料，在甲醇为溶剂的条件下，获得四氮唑类化合物 31a（如图 3-5 所示）。在 10% TFA/DCE 的作用下，经过分子内的酰胺化反应得到异吲哚啉 43a。化合物 43a 经过氨基的去保护反应得到含有活泼氨基的中间体 44a。最后经过关环反应，合成目标产物 35a。经过 LC-MS、高分辨质谱、核磁等表征手段，确定了化合物 35a 的结构。

3.2.4.2　优化合成异吲哚啉并苯并咪唑类化合物 35 反应条件

在对化合物 35a 的结构确定之后，我们以化合物 35a 的合成路线为模板反应，对反应条件进行进一步优化，以提高反应的效率（见表 3-7）。首先，在前面 3 条反应路线中，三氟乙酸的混合体系能够高效地促进分子内的酰胺化反应。因此我们沿用之前 10% TFA/DCE、微波 120℃、10min 的反应条件，发现在该条件下化合物 35a 只有中等的液相收率（见表 3-7 第 1 行）。我们考察反应温度对反应的影响，提高了反应的温度后，发现在微波条件下130℃，反应的收率没有升高，反而下降，可能是乌吉加合产物在 130℃ 的条件下稳定性受到影响，从而导致收率的下降（见表 3-7 第 2 行）。当反应温度

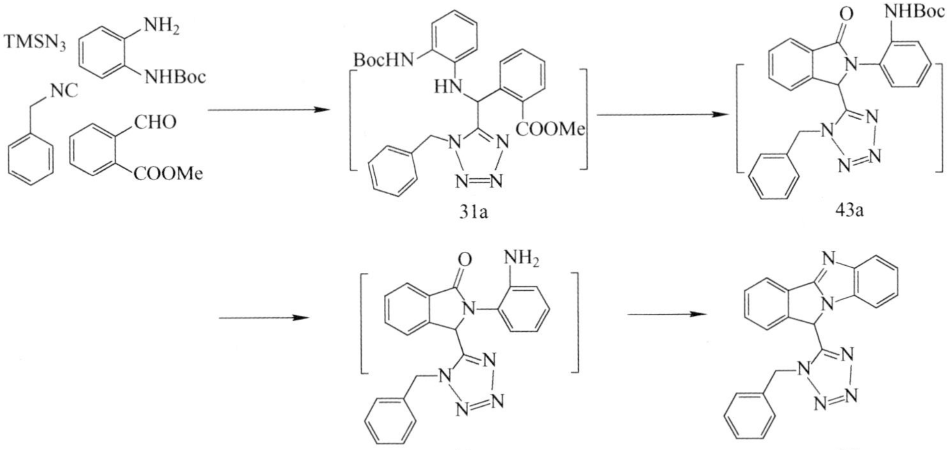

图 3-5 合成异吲哚啉并苯并咪唑类化合物 35a

降低至 110℃ 时，在反应结束后，检测到许多的原料剩余（见表 3-7 第 3 行）。通过对比，10% TFA/DCE 的反应体系在 120℃ 为最佳反应温度。因此，我们在此温度条件下，延长反应时间，表 3-7 为 15min、20min 或 30min 时的结果。当反应时间为 20min 时，能获得 82% 的液相收率（见表 3-7 第 4~6 行）。当考察不同浓度的 TFA/DCE 时，10% TFA/DCE 体系反应效果最好（见表 3-7 第 7、8 行）。在我们对反应体系进一步优化时，我们考察 5% HCl/AcOH 的催化体系，反应时间为 10min 或 20min 时，收率分别为 43% 和 32%（见表 3-7 第 9、10 行）。通过表格数据对比，我们最终确定的最优条件为：10% TFA/DCE、微波 120℃、20min。

表 3-7 合成异吲哚啉并苯并咪唑 35 条件优化[①]

行	催化剂	温度/℃	时间/min	收率[①]/%
1	10% TFA/DCE	微波 120	10	62
2	10% TFA/DCE	微波 130	10	55
3	10% TFA/DCE	微波 110	10	42
4	10% TFA/DCE	微波 120	15	75
5	**10% TFA/DCE**	**微波 120**	**20**	**82（71）[②]**

行	催化剂	温度/℃	时间/min	收率[①]/%
6	10% TFA/DCE	微波 120	30	62
7	5% TFA/DCE	微波 120	20	67
8	15% TFA/DCE	微波 120	20	72
9	5% HCl/AcOH	微波 120	10	43
10	5% HCl/AcOH	微波 120	20	32

①反应条件：0.3mmol 化合物 31a 在 1.5mL 10% TFA/DCE；HPLC 收率在 254nm。

②分离收率。

3.2.4.3　异吲哚啉并苯并咪唑 35 的底物普适性研究

在最优条件(10% TFA/DCE、微波 120℃、20min)下，我们考察该反应的普适性(见表 3-8)。在乌吉反应的起始原料中，引入不同取代的异腈，例如：苄基异腈、叔丁基异腈、环己基异腈和邻叔丁氧羰基保护的胺基苯基异腈。在最优的条件下，这些底物都能高效地被转化为对应的产物，收率为53%~71%。

异吲哚啉并苯并咪唑类化合物 35 底物拓展的化学式为：

表 3-8　异吲哚啉并苯并咪唑类化合物 35 底物拓展[①]

行	R[1]	编号	产　物	收率/%
1	Bn	35a		71

行	R¹	编号	产　物	收率/%
2	c-Hex	35b		53
3	ᵗBu	35c		66
4	N-Boc-(2-NH₂)-C₆H₄	35d		61

①反应条件：（1）0.5mmol 醛，0.5mmol 胺，0.05mmol 苯基磷酸，0.5mmol 异腈在 1.0mL MeOH；（2）3.0mL 10% TFA/DCE，一锅法分离收率。

3.3 本章小结

在本章中以邻甲酰基苯甲酸甲酯为模块，构建 4 条酸催化乌吉串联反应，高效合成一系列的吲哚类衍生物。

（1）路径 A：以 2,4-二甲氧基苄胺为乌吉反应的胺源，同时也作为离去基团。在酸性条件下，实现了分子内 C—N 键的断裂和新 C—N 键的形成。在最优的反应条件下：10% TFA/DCE、120℃、10min，合成了 6 个异吲哚酮类化合物，收率为 51%~68%。

（2）路径 B：在以 PPOA 为催化剂的三组分乌吉反应体系中，实现了异吲哚酮的合成。在最优的条件下：10% TFA/DCE、120℃、10min，通过分子内的酰胺化反应，获得了 8 个异吲哚酮类衍生物，收率为 56%~72%。

（3）路径 C：以 PPOA 为催化剂，实现三组分乌吉反应，在室温条件下获得乌吉加合产物。但是在异腈部分引入邻叔丁氧羰基保护氨基苯基异腈为起始原料，在 10% TFA/DCE、120℃、10min 的条件下，构建了 8 个苯并咪唑-异吲哚酮的双环化合物，收率为 57%~70%。

（4）路径 D：乌吉反应不仅可以用羧酸作为酸的来源，$TMSN_3$ 也可以作为乌吉反应中酸的组分。在 10% TFA/DCE、120℃、20min 的条件下，实现了酸催化乌吉串联反应合成四氮唑-吲哚啉并苯并咪唑类化合物。在最优的反应条件下，成功合成了 4 个吲哚啉类杂环化合物，收率为 53%~71%。

在设计的 4 条路线中，通过三氟乙酸催化的乌吉串联反应，获得了 26 个吲哚类衍生物，并且收率都在 50% 以上。因此在本章中，我们为开发此类化合物提供更为简单有效的合成方法，为开发新型化合物的药用价值奠定了重要的基础。

4 酸催化乌吉串联反应合成
哌嗪酮类衍生物

4.1 哌嗪酮合成简述

哌嗪酮是一类非常重要的氮杂环化合物，作为重要的生物活性单元被广泛报道。在有机合成中，哌嗪酮作为一类非要重要的分子模块，在合成其他氮环化合物中也扮演着非常重要的角色[79]。因此，合成此类活性氮杂环化合物受到了许多化学家的关注。乌吉反应使用的原料，廉价易得，通过对原料简单的修饰，借助乌吉串联反应，可以合成得到许多类型不同的杂环化合物[47~51]。

炔烃作为一类重要的官能团，能够在碱性条件或者过渡金属催化的作用下，转化为对应的联烯类化合物[80,81]。利用炔烃转化为双烯中间体，合成其他杂环化合物取得了很大的成功。但是以炔烃类化合物为乌吉反应的起始原料，通过乌吉串联反应来合成哌嗪酮的方法报道较少。其中，Miranda 课题组开发了以炔丙胺为起始原料乌吉反应用于合成哌嗪酮的新方法。但是在此方法中，合成目标产物需要 3 个步骤。首先，在乌吉反应条件下获得乌吉加合产物；然后，在强碱性条件下，将炔烃转化为对应的双烯中间体；最后，在酸性条件下，通过质子的转移，获得哌嗪酮。此方法合成路较长，反应的效率也有所下降。

综上所述，我们希望开发一类以炔烃类化合物为起始原料来构建乌吉反应，然后通过一锅法的合成方法，高效构建哌嗪酮类化合物。此外，根据我们课题组的前期实验结果，在酸催化作用下，γ-炔基酮类化合物可以经过双烯的结构，直接合成呋喃类化合物。因此在本书我们设计酸催化乌吉串联反应，以炔丙胺为原料的乌吉四组分反应，直接合成哌嗪酮类化合物。我们猜测炔烃在酸性条件下也可以直接转化为双烯中间，然后在反应的原位直接关环，得到目标化合物 51（如图 4-1 所示）。

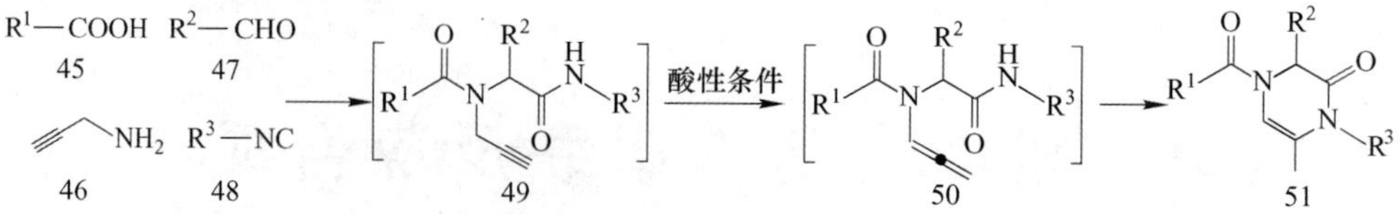

图 4-1　酸催化乌吉串联反应合成哌嗪酮类化合物

4.2　结果与讨论

4.2.1　合成哌嗪酮 52 反应路径

根据前期的设计路线，我们选择了以对硝基苯甲酸、炔丙胺、苯甲醛、苄基异腈为起始原料来构建乌吉的模板反应（如图 4-2 所示）。基于我们实现用对甲苯磺酸催化 γ-炔基酮类合成呋喃类化合物。因此，我们首先考察了对甲苯磺酸的作用效果。当使用对甲苯磺酸为催化剂时，能够促进反应的进行。于是，我们对新生产的化合物，进行分离、纯化后，通过 LC-MS，我们发现得到的新化合物和预期的化合物 51a 有差别。最终通过高分辨质谱和核磁谱图分析后，确定目标化合物是哌嗪酮类化合物 52a。当我们将苯甲醛替换为色酮 3-甲醛构建乌吉反应时，在相同的条件下，我们获得了化合物 52j，并通过化合物 52j 的单晶结构图，对该类化合物的结构进一步证实（如图 4-3 所示）。

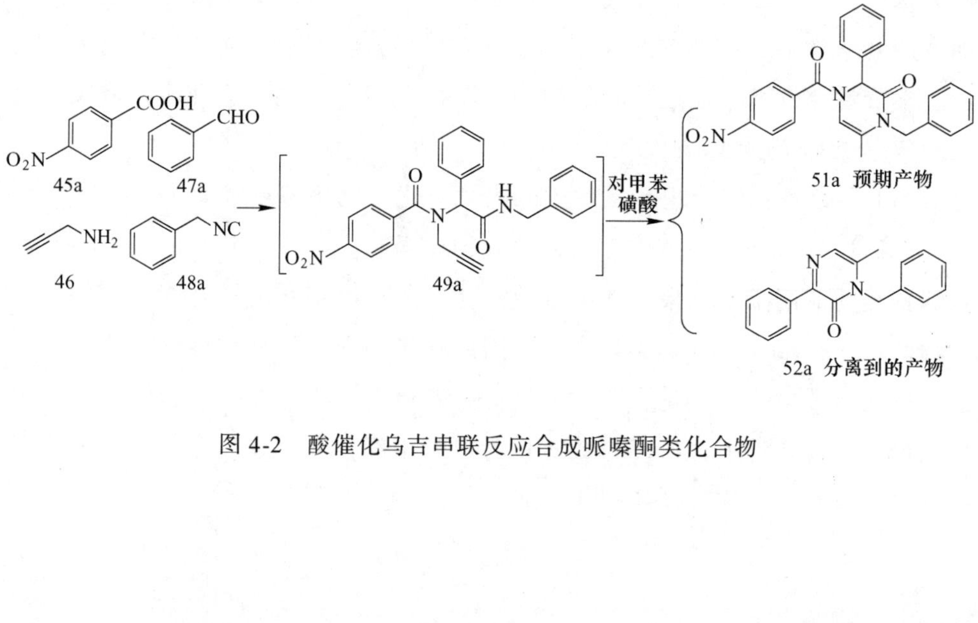

图 4-2　酸催化乌吉串联反应合成哌嗪酮类化合物

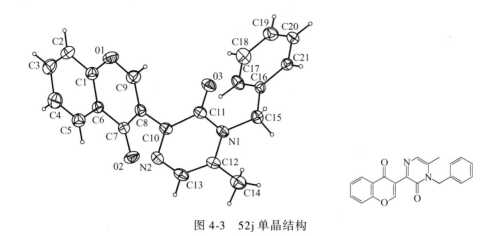

图 4-3   52j 单晶结构

4.2.2   优化合成哌嗪酮 52 的条件

在确定哌嗪酮的结构之后，我们对反应的条件进行进一步的优化（见表 4-1）。我们考虑对甲苯磺酸的催化效果，在对甲苯磺酸 110℃的条件，延长反应时间对反应的效果影响并不明显（见表 4-1 第 1、2 行）。因此接下来我们考察了其他酸性条件下的反应效果。当反应体系的催化剂为 TFA 时，几乎没有目标产物的生成（见表 4-1 第 3、4 行）。当使用的酸性体系为 HCl/AcOH 时，哌嗪酮的收率随着盐酸的浓度的增加而逐渐提高（见表 4-1 第 5~8 行），当盐酸浓度为 50% 时，目标产物有 84% 的液相收率。同时对比温度对反应的影响，通过数据分析，在微波条件下，反应温度为 120℃ 为最适合的反应温度。同时我们考察了其他的类型的酸，在该反应条件下是否能够正常的离去。通过实验证明，以其他类型的酸为乌吉起始原料，乌吉加合产物能够顺利转化为对应的哌嗪酮类化合物。因此，合成哌嗪酮类化合物的最优条件为：50% HCl/AcOH，微波 120℃，10min。

表 4-1   合成哌嗪酮 52 条件优化[①]

行	酸性条件	溶剂	条　　件	收率[①]/%
1	*p*-TsOH（1.0 当量）	DCE	110℃，3h	10
2	*p*-TsOH（1.0 当量）	DCE	110℃，12h	21
3	10% TFA/DCE		微波 110℃，10min	微量
4	10% TFA/DCE		微波 110℃，10min	微量

续表 4-1

行	酸性条件	溶剂	条　　件	收率[①]/%
5	10% HCl/AcOH		微波 110℃，10min	5
6	25% HCl/AcOH		微波 110℃，10min	17
7	50% HCl/AcOH		微波 110℃，10min	52
8	**50% HCl/AcOH**		**微波 120℃，10min**	**84（75）[②]**
9	50% HCl/AcOH		微波 130℃，10min	59
10[③]	50% HCl/AcOH		微波 120℃，10min	78
11[④]	50% HCl/AcOH		微波 120℃，10min	81
12[⑤]	50% HCl/AcOH		微波 120℃，10min	77
13[⑥]	50% HCl/AcOH		微波 120℃，10min	80

①反应条件：0.3mmol 化合物 45a 在 1.5mL 酸性溶液中，HPLC 收率（%）在 254nm。

②分离收率。

③2-硝基苯甲酸 45a 被苯甲酸 45b 代替在乌吉反应中。

④2-硝基苯甲酸 45a 被乙酸 45c 代替在乌吉反应中。

⑤2-硝基苯甲酸 45a 被二呋喃甲酸 45d 代替在乌吉反应中。

⑥2-硝基苯甲酸 45a 被烟酸 45e 代替在乌吉反应中。

4.2.3　哌嗪酮 52 底物普适性研究

在考察该反应的普适性时，我们引入了 10 个醛、5 个羧酸、3 个异腈为起始原料，来构建乌吉模板反应，合成哌嗪酮类化合物。在最优的反应条件：50% HCl/AcOH、微波 120℃、10min，反应底物都能够被高效地转化为对应的产物，合成的 12 个哌嗪酮化合物收率在 65%~78% 之间（见表 4-2）。同时反应中所使用的 5 个羧酸，在 50% HCl/AcOH 催化体系中，都能够很好地离去，获得目标化合物。

表 4-2 哌嗪酮 52 底物拓展[①]

行	R^2	R^3	编号	产 物	收率/%
1	C_6H_5	Bn	52a		75
2	$2\text{-}BrC_6H_4$	Bn	52b		71
3	$4\text{-}ClC_6H_4$	Bn	52c		71
4	$4\text{-}BrC_6H_4$	Bn	52d		74
5	$3\text{-}BrC_6H_4$	Bn	52e		71
6	$4\text{-}NO_2C_6H_4$	$C_6H_5(CH_2)_2$	52f		72
7	$4\text{-}NO_2C_6H_4$	Bn	52g		70
8	$2,4\text{-}Cl_2C_6H_4$	Bn	52h		76
9	$4\text{-}MeOC_6H_4$	Bn	52i		69
10	3-色酮	Bn	52j		78
11	$4\text{-}MeC_6H_4$	$2,6\text{-}di\text{-}MeC_6H_3$	52k		74

行	R^2	R^3	编号	产　物	收率/%
12	4-MeC$_6$H$_4$	*c*-Hex	52l	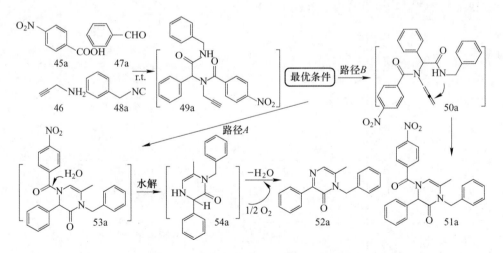	65

①酸性条件：（1）0.5mmol 醛，0.5mmol 胺，0.5mmol 酸，0.5mmol 异腈在 1.0mL MeOH；（2）50% HCl/AcOH 1.5mL，一锅法分离收率。

4.2.4　哌嗪酮 52 反应机理探究

我们以模板反应对该反应的机理做简单的猜测（如图 4-4 所示）。乌吉的四组分产物在室温的条件下，得到加合产物 49a。在酸性条件下，加合产物生成联烯中间体 50a。然后经过两条路径，路径 A：由酰胺的氮对联烯发生进攻，形成哌嗪酮，再发生酰胺的水解反应得到中间体 54a。通过文献的调研发现，由中间体 54a 经过有氧氧化反应[35,82~84]，能够高效地转化为哌嗪酮类化合物 52a。路径 B：通过联烯中间体直接关环形成哌嗪酮类化合物 52a。

图 4-4　合成哌嗪酮 52a 反应机理研究

4.3　本章小结

在本章中，以炔丙胺、羧酸、异腈和芳香醛为起始原料，获得乌吉的加合产物。在 50% HCl/AcOH 催化体系下，炔烃类化合物能够高效转化为对应的双烯类化合物，进而发生分子内的关环反应。酸性条件下，发生选择性 C—N 键的离去，分子芳构化反应。在最优的反应条件下，高效合成了 12 个哌嗪酮类化合物，收率都在中等以上。

5　化合物合成实验方法

5.1　实验仪器和试剂

^{1}H-NMR 和 ^{13}C-NMR 用 Brucker-400 型核磁共振仪测定，化学位移为 ppm❶，参照相应氘代溶剂，耦合常数 J 单位为 Hz。HPLC-MS 分析在岛津-2020 液质联用仪器上完成，条件为：液相色谱柱为 C18 柱（反相，150mm×2.0mm）；80%乙腈和 20%水，6min 完成；流速为 0.4mL /min；UV 检测器 200~400nm。所有微波反应在 Biotage® 型微波反应器上完成。分离纯化使用 Biotage® 中压制备色谱仪。

所有试剂均购买于国内试剂公司。所用溶剂甲苯、四氢呋喃、正己烷、乙酸乙酯、二氯甲烷、甲醇等试剂为国产分析纯试剂，在使用前不处理或参考文献纯化方法处理（如有需要）。柱层析硅胶（37~48μm）及薄层层析硅胶板为烟台江友硅胶开发有限公司产品。

5.2　化合物 9、10、11 和 20 的合成方法

5.2.1　化合物 9 的合成方法

在 5mL 的微波反应管中将 0.5mmol 的醛溶于 1mL 甲醇，加入 0.5mmol 胺，室温搅拌反应 10min，然后分别加入 0.5mmol 酸和 0.5mmol 异腈，室温

---

❶ 1ppm = 10^{-6}。

下搅拌反应。TLC 检测反应。将反应溶剂蒸干后得到乌吉加合产物的粗品。将粗产物置于 DBU（2.0 当量）和 DMF（3.0mL）的混合溶液中，在微波反应器中 140℃ 反应 10min。反应完成后，将反应体系冷却至室温，减压除去溶剂，残留物溶于 15mL 乙酸乙酯，分别用饱和碳酸氢钠和饱和食盐水各洗一次，有机相用无水硫酸镁干燥后浓缩，用乙酸乙酯/正己烷（0～20%）梯度洗脱分离得到目标化合物 9。

5.2.1.1 化合物 9a 的合成方法

黄色固体，收率 75%。^{1}HNMR（400MHz，CDCl$_3$）：δ 7.38～7.47（m，2H），7.27～7.36（m，3H），7.16（d，J = 8.8Hz，2H），7.12（s，1H），6.94～7.06（m，2H），6.65～6.77（m，2H），6.49（d，J = 8.8Hz，2H），4.76（s，2H），3.77（s，3H）。^{13}C NMR（100MHz，CDCl$_3$）：δ 171.81，168.35，159.27，136.52，135.64，134.34，131.34，131.13，128.70，128.64，127.84，122.51，121.50，117.01，113.10，113.10，104.22，55.32，41.88。HRMS（ESI）C$_{24}$H$_{19}$BrN$_2$O$_3^+$[M+H]$^+$的理论值为 463.06518，实测数据为 463.06525。

5.2.1.2 化合物 9b 的合成方法

黄色固体，收率 73%。^{1}H NMR（400MHz，CDCl$_3$）：δ 7.45（d，J = 7.0Hz，2H），7.27～7.38（m，3H），7.06～7.15（m，3H），6.95～7.05（m，5H），6.62（d，J = 7.6Hz，2H），4.78（s，2H）。^{13}C NMR（100MHz，CDCl$_3$）：δ 171.81，168.25，136.59，136.28，136.13，129.74，129.32，128.69，128.67，128.31，127.81，127.34，127.27，124.55，121.55，102.79，41.87。HRMS（ESI）C$_{23}$H$_{18}$N$_2$O$_2^+$[M+H]$^+$的理论值为 355.14410，实测数据为 355.14410。

5.2.1.3 化合物 9c 的合成方法

黄色固体，收率 64%。^{1}H NMR（400MHz，CDCl$_3$）：δ 7.41～7.47（m，2H），7.27～7.38（m，3H），7.17～7.21（m，2H），7.11～7.16（m，3H），7.03（dd，J = 8.1，1.5Hz，2H），6.48（d，J = 8.7Hz，2H），

4.78(s, 2H)。^{13}C NMR(100MHz, CDCl$_3$): δ 171.54, 168.08, 136.44, 135.56, 135.44, 131.31, 129.77, 129.04, 128.70, 128.65, 127.86, 127.80, 127.50, 122.76, 117.36, 103.71, 41.91。HRMS(ESI) C$_{23}$H$_{17}$ BrN$_2$O$_2^+$[M+H]$^+$的理论值为 433.05462, 实测数据为 433.05463。

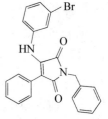

5.2.1.4 化合物 9d 的合成方法

黄色固体, 收率 61%。^{1}H NMR(400MHz, CDCl$_3$): δ 7.44(d, J = 6.9Hz, 2H), 7.28~7.38(m, 3H), 7.14~7.21(m, 3H), 7.04(dd, J = 8.0, 1.5Hz, 2H), 6.91~6.97(m, 2H), 6.58(s, 1H), 6.52(dt, J = 6.7, 2.3Hz, 1H), 4.78(s, 2H)。^{13}C NMR(100MHz, CDCl$_3$): δ 171.51, 168.08, 137.46, 136.43, 135.50, 134.23, 129.72, 129.20, 129.02, 128.70, 128.64, 127.90, 127.86, 127.48, 124.36, 121.79, 119.32, 104.25, 41.93。HRMS(ESI) C$_{23}$H$_{18}$ClN$_2$O$_2^+$[M+H]$^+$的理论值为 389.10513, 实测数据为 389.10519。

5.2.1.5 化合物 9e 的合成方法

黄色固体, 收率 75%。^{1}H NMR(400MHz, CDCl$_3$): δ 7.41~7.47(m, 2H), 7.27~7.38(m, 3H), 7.16~7.22(m, 3H), 6.89(t, J = 8.0Hz, 1H), 6.73(t, J = 1.9Hz, 1H), 6.58(dd, J = 8.1, 1.6Hz, 1H), 4.78(s, 2H)。^{13}C NMR(100MHz, CDCl$_3$): δ 171.51, 168.07, 137.54, 136.43, 135.42, 129.74, 129.46, 128.99, 128.71, 128.66, 127.98, 127.88, 127.52, 127.27, 124.72, 122.10, 119.74, 104.29, 41.94。HRMS(ESI) C$_{23}$H$_{18}$BrN$_2$O$_2^+$(M+H)$^+$的理论值为 433.05462, 实测数据为 433.05450。

5.2.1.6 化合物 9f 的合成方法

褐色固体, 收率 68%。^{1}H NMR(400MHz, CDCl$_3$): δ 7.44(d, J = 7.0Hz, 2H), 7.28~7.37(m, 3H), 7.21(s, 1H), 7.12~7.20(m, 3H), 7.02 (dd, J = 7.9, 1.3Hz, 2H), 6.98(d, J = 8.7Hz, 2H), 6.54(d, J =

8.7Hz，2H），4.78（s，2H）。^{13}C NMR（100MHz，CDCl$_3$）：δ 171.57，168.09，136.46，135.69，134.93，129.79，129.77，129.05，128.71，128.67，128.37，127.87，127.77，127.48，122.49，103.54，41.91。HRMS（ESI）C$_{23}$H$_{18}$ClN$_2$O$_2^+$[M+H]$^+$的理论值为389.10513，实测数据为389.10513。

5.2.1.7 化合物 9g 的合成方法

黄色固体，收率 69%。^{1}H NMR（400MHz，CDCl$_3$）：δ 7.42~7.48（m，2H），7.28~7.37（m，3H），7.10~7.15（m，3H），7.01~7.06（m，2H），6.96~7.01（m，1H），6.89~6.96（m，1H），6.60（t，J = 7.7Hz，1H），6.28（td，J = 8.2，1.4Hz，1H），4.78（s，2H）。^{13}C NMR（100MHz，CDCl$_3$）：δ 171.51，167.91，155.72，153.26，136.49，135.77，129.65，128.97，128.69，127.84，127.62，127.38，125.36，123.23，123.21，115.36，115.17，104.35，41.90。HRMS（ESI）C$_{23}$H$_{18}$FN$_2$O$_2^+$[M+H]$^+$的理论值为373.13468，实测数据为373.13467。

5.2.1.8 化合物 9h 的合成方法

白色固体，收率 71%。^{1}H NMR（400MHz，CDCl$_3$）：δ 7.37~7.42（m，2H），7.27~7.33（m，5H），7.20（d，J=1.7Hz，1H），6.77~6.84（m，2H），6.74（d，J = 3.4Hz，1H），6.42（dd，J = 3.4，1.8Hz，1H），4.72（s，2H）。^{13}C NMR（100MHz，CDCl$_3$）：δ 169.48，167.19，144.26，142.59，136.90，136.32，134.52，131.62，128.71，128.55，127.88，123.07，118.00，111.76，111.44，97.65，41.77。HRMS（ESI）C$_{21}$H$_{16}$BrN$_2$O$_3^+$[M+H]$^+$的理论值为423.03388，实测数据为423.03314。

5.2.1.9 化合物 9i 的合成方法

黄色固体，收率 78%。^{1}H NMR（400MHz，CDCl$_3$）：δ 7.44（d，J = 7.1Hz，2H），7.33（dd，J = 13.9，6.6Hz，3H），7.09~7.22（m，5H），

7.02（d，J = 6.9Hz，2H），6.84～6.92（m，1H），
6.75（s，1H），4.79（s，2H）。^{13}C NMR（100MHz，CDCl$_3$）：
δ 171.43，168.07，136.85，136.39，135.31，131.02，
130.69，129.67，128.96，128.81，128.73，128.68，
128.01，127.91，127.56，124.69，124.01，120.78，
118.00，117.97，104.69，41.97。HRMS（ESI）C$_{24}$H$_{18}$F$_3$N$_2$O$_2^+$［M+H］$^+$的理论值为423.13149，实测数据为423.13153。

5.2.1.10　化合物9j的合成方法

浅黄色固体，收率 56%。^{1}H NMR（400MHz，CDCl$_3$）：δ 7.42（d，J = 7.6Hz，2H），7.27～7.36（m，5H），7.20（d，J = 8.7Hz，2H），6.91（d，J = 8.4Hz，2H），6.51（d，J = 8.7Hz，2H），4.76（s，2H）。^{13}C NMR（100MHz，CDCl$_3$）：δ 171.24，167.78，136.27，135.70，135.21，131.57，131.22，130.66，128.73，128.65，127.94，122.88，122.00，117.87，102.34，41.99。HRMS（ESI）C$_{23}$H$_{17}$Br$_2$N$_2$O$_2^+$［M+H］$^+$的理论值为510.96513，实测数据为510.96494。

5.2.1.11　化合物9k的合成方法

浅黄色固体，收率 77%。^{1}H NMR（400MHz，CDCl$_3$）：δ 7.30（d，J = 12.0Hz，1H），7.06（d，J = 12.6Hz，7H），6.64（s，2H），4.02（s，1H），2.13（d，J = 10.4Hz，2H），1.75（m，5H），1.32（m，3H）。^{13}C NMR（100MHz，CDCl$_3$）：δ 172.12，168.40，136.53，135.96，129.78，129.59，128.22，127.21，127.17，124.31，121.51，102.27，50.95，30.16，26.04，25.20。HRMS（ESI）C$_{22}$H$_{23}$N$_2$O$_2^+$［M+H］$^+$的理论值为347.17540，实测数据为347.17523。

5.2.1.12　化合物9l的合成方法

浅黄色固体，收率 62%。^{1}H NMR（400MHz，CDCl$_3$）：δ 7.27～7.32（m，3H），7.19（s，2H），7.16（dd，J = 10.0，8.2Hz，5H），7.03（dd，J = 8.0，1.5Hz，2H），6.49（d，J = 8.7Hz，2H），3.83～3.89（dd，J = 8.6，

6.9Hz, 2H), 2.89 ~ 3.08 (m, 2H)。^{13}C NMR (100MHz, CDCl$_3$)：δ 171.74, 168.19, 138.11, 135.52, 135.45, 131.32, 129.78, 129.12, 128.89, 128.59, 127.80, 127.53, 126.67, 122.74, 117.31, 103.68, 39.62, 34.79。HRMS（ESI）C$_{24}$H$_{20}$BrN$_2$O$_2^+$ [M + H]$^+$ 的理论值为 447.07027, 实测数据为 447.07028。

5.2.2　化合物10的合成方法

在 5mL 的微波反应器中将 0.5mmol 的醛溶于 1mL 甲醇, 加入 0.5mmol 胺, 室温搅拌反应 10min, 然后分别加入 0.5mmol 酸和 0.5mmol 异腈, 室温下搅拌反应。TLC 检测反应。将反应溶剂蒸干后得到乌吉加合产物的粗品。将粗产物置于 TEOA（5.0 当量）和 DMF（3.0mL）的混合溶液中, 在微波反应器中 130℃反应 10min。反应完成后, 将反应体系冷却至室温, 减压除去溶剂, 残留物溶于 15mL 乙酸乙酯, 分别用饱和碳酸氢钠和饱和食盐水各洗一次, 有机相用无水硫酸镁干燥后浓缩, 用乙酸乙酯/正己烷（0 ~ 15%）梯度洗脱分离得到目标化合物10。

5.2.2.1　化合物10a的合成方法

白色固体, 收率 69%。^{1}H NMR（400MHz, CDCl$_3$）：δ 7.44 ~ 7.49 (m, 2H), 7.23 (d, $J=$ 7.4Hz, 1H), 7.13 (t, $J=$ 7.6Hz, 2H), 7.04 ~ 7.09 (m, 2H), 6.94 (t, $J=$ 5.8Hz, 2H), 6.91 (d, $J=$ 7.4Hz, 2H), 6.69 (t, $J=$ 5.8Hz, 2H), 4.36 (s, 2H), 3.83 (s, 3H), 3.71 (s, 1H)。^{13}C NMR（100MHz, CDCl$_3$）：δ 170.07, 168.72, 160.39, 143.79, 134.70, 132.38, 129.16,

128.76，128.52，127.52，121.93，121.02，117.57，114.31，55.41，52.02，47.57，41.98。HRMS（ESI）$C_{24}H_{20}BrN_2O_3^+$[M+H]$^+$的理论值为463.04681，实测数据为463.06509。

5.2.2.2 化合物 10b 的合成方法

白色固体，收率 67%。^{1}H NMR（400MHz，CDCl$_3$）：δ 7.56（dd，$J=6.5$，3.1Hz，2H），7.44（dd，$J=5.0$，1.8Hz，3H），7.03～7.13（m，6H），6.99（dd，$J=5.5$，3.4Hz，1H），6.90～6.96（m，2H），4.33（s，2H），3.79（s，1H）。^{13}C NMR（100MHz，CDCl$_3$）：δ 169.71，168.45，145.10，134.87，129.97，129.87，129.40，128.89，128.87，128.55，127.81，127.60，124.80，122.55，121.52，121.49，116.30，116.26，52.10，47.70，41.89。HRMS（ESI）$C_{24}H_{18}F_3N_2O_2^+$[M+H]$^+$的理论值为 423.4280，实测数据为423.40171。

5.2.2.3 化合物 10c 的合成方法

白色固体，收率 60%。^{1}H NMR（400MHz，CDCl$_3$）：δ 7.54（dd，$J=6.5$，3.0Hz，2H），7.40～7.49（m，3H），7.12～7.19（m，3H），7.01（s，1H），6.97（dd，$J=6.4$，2.6Hz，2H），6.92（d，$J=7.9$Hz，1H），6.83（t，$J=7.9$Hz，1H），6.77（d，$J=8.1$Hz，1H），4.36（s，2H），3.75（s，1H）。^{13}C NMR（100MHz，CDCl$_3$）：δ 169.77，168.53，145.83，134.93，130.67，129.99，129.32，128.84，128.80，128.51，128.08，127.84，127.67，123.07，122.37，118.09，52.06，47.64，41.91。HRMS（ESI）$C_{23}H_{18}BrN_2O_2^+$[M+H]$^+$的理论值为433.05681，实测数据为433.05214。

5.2.2.4 化合物 10d 的合成方法

白色固体，收率 61%。^{1}H NMR（400MHz，CDCl$_3$）：δ 7.57（d，$J=8.5$Hz，2H），7.42（d，$J=8.4$Hz，2H），7.24（d，$J=7.5$Hz，1H），7.14（t，$J=7.6$Hz，2H），7.07（d，$J=8.6$Hz，

2H），6.90（d，$J = 7.5$Hz，2H），6.67（d，$J = 8.6$Hz，2H），4.36（s，2H），3.73（s，1H）。^{13}C NMR（100MHz，CDCl$_3$）：δ 169.36，168.19，143.31，134.50，132.47，132.03，129.41，129.25，128.79，128.57，127.62，123.60，120.95，117.89，51.60，47.91，42.08。HRMS（ESI）C$_{23}$H$_{17}$Br$_2$N$_2$O$_2^+$［M+H］$^+$的理论值为 512.98472，实测数据为 512.98313。

5.2.2.5 化合物 10e 的合成方法

白色固体，收率 63%。^{1}H NMR（400MHz，CDCl$_3$）：δ 7.55（dd，$J = 6.6$，3.1Hz，2H），7.40 ~ 7.47（m，3H），7.24（d，$J = 7.5$Hz，1H），7.14（t，$J = 7.6$Hz，2H），7.08（d，$J = $ 8.7Hz，2H），6.92（d，$J = 7.4$Hz，2H），6.70（d，$J = 8.7$Hz，2H），4.37（s，2H），3.75（s，1H）。^{13}C NMR（100MHz，CDCl$_3$）：δ 168.74，167.53，142.61，133.62，131.38，129.10，128.26，127.80，127.75，127.51，126.78，126.52，119.99，116.65，51.19，46.71，41.00。HRMS（ESI）C$_{23}$H$_{18}$BrN$_2$O$_2^+$［M+H］$^+$的理论值为 433.06711，实测数据为 433.05438。

5.2.2.6 化合物 10f 的合成方法

白色固体，收率 88%。^{1}H NMR（400MHz，CDCl$_3$）：δ 7.55（dd，$J = 6.6$，3.0Hz，2H），7.40 ~ 7.46（m，3H），7.23（t，$J = 7.4$Hz，1H），7.13（t，$J = 7.6$Hz，2H），6.86 ~ 6.96（m，4H），6.75（d，$J = 8.7$Hz，2H），4.37（s，2H），3.75（s，1H）。^{13}C NMR（100MHz，CDCl$_3$）：δ 169.80，168.59，143.13，134.66，130.16，129.83，129.51，129.28，128.82，128.48，127.82，127.51，120.63，52.26，47.79，42.00。HRMS（ESI）C$_{23}$H$_{18}$ClN$_2$O$_2^+$［M+H］$^+$的理论值为 389.10421，实测数据为 389.10507。

5.2.2.7 化合物 10g 的合成方法

白色固体，收率 65%。^{1}H NMR（400MHz，CDCl$_3$）：δ 7.54（dd，$J = 6.6$，3.1Hz，2H），7.43（dd，$J = 5.1$，1.9Hz，3H），7.09 ~ 7.18（m，3H），6.97（dd，$J = 6.4$，2.9Hz，2H），

6.83 ~ 6.93（m，2H），6.69 ~ 6.80（m，2H），4.35（s，2H），3.74（s，1H）。^{13}C NMR（100MHz，CDCl$_3$）：δ 169.80，168.57，145.74，135.04，134.96，130.44，130.02，129.32，128.84，128.81，128.50，127.86，127.68，125.16，119.55，117.66，52.07，47.64，41.91。HRMS（ESI）C$_{23}$H$_{18}$ClN$_2$O$_2^+$［M+H］$^+$ 的理论值为 389.08986，实测数据为 389.09786。

5.2.2.8　化合物 10h 的合成方法

白色固体，收率 63%。^{1}H NMR（400MHz，CDCl$_3$）：δ 7.49 ~ 7.57（m，3H），7.44（dd，J = 5.0，1.9Hz，3H），7.39（d，J = 8.7Hz，2H），7.25（s，1H），7.21（d，J = 7.2Hz，1H），7.08（d，J = 7.0Hz，2H），6.90（d，J = 8.7Hz，2H），3.76（s，1H），3.38（ddd，J = 9.4，7.1，3.8Hz，2H），2.13（td，J = 7.1，4.6Hz，2H）。^{13}C NMR（100MHz，CDCl$_3$）：δ 169.78，168.67，144.44，137.45，132.55，131.52，129.31，128.85，128.57，128.56，127.78，126.67，121.52，117.28，52.42，47.97，39.04，32.96。HRMS（ESI）C$_{24}$H$_{20}$BrN$_2$O$_2^+$ ［M+H］$^+$ 的理论值为 447.05789，实测数据为 447.03891。

5.2.2.9　化合物 10i 的合成方法

白色固体，收率 60%。^{1}H NMR（400MHz，CDCl$_3$）：δ 7.54 ~ 7.63（m，2H），7.43（dd，J = 5.0，2.3Hz，3H），7.13（ddd，J = 15.8，8.2，5.7Hz，6H），6.87 ~ 6.99（m，5H），4.27（s，2H），3.77（s，1H）。^{13}C NMR（100MHz，CDCl$_3$）：δ 170.17，169.01，144.69，135.03，130.50，129.52，129.15，128.76，128.56，128.51，127.91，127.48，124.68，119.44，52.34，47.93，41.87。HRMS（ESI）C$_{23}$H$_{19}$N$_2$O$_2^+$［M+H］$^+$ 的理论值为 355.14684，实测数据为 355.14622。

5.2.2.10　化合物 10j 的合成方法

白色固体，收率 71%。^{1}H NMR（400MHz，CDCl$_3$）：δ 7.52 ~ 7.55（m，2H），7.43（dd，J = 5.0，1.7Hz，3H），7.10（d，J = 8.6Hz，2H），6.96（d，J = 7.8Hz，2H），6.81（d，J = 7.9Hz，

2H)，6.71(d，$J = 8.6$Hz，2H)，4.33(s，2H)，3.74(s，1H)，2.34(s，3H)。^{13}C NMR(100MHz，CDCl$_3$)：δ 169.82，168.64，143.62，137.50，132.25，129.26，129.20，128.81，128.72，128.63，127.81，121.46，121.00，117.81，52.15，47.68，41.74，21.36。HRMS(ESI)C$_{24}$H$_{20}$BrN$_2$O$_2^+$ [M+H]$^+$的理论值为447.07668，实测数据为447.07512。

5.2.2.11　化合物10k的合成方法

白色固体，收率58%。^{1}H NMR(400MHz，CDCl$_3$)：δ 7.54(dd，$J = 6.5$，3.2Hz，2H)，7.44(dd，$J = 5.0$，1.9Hz，3H)，7.08(d，$J = 8.8$Hz，3H)，6.96(m，1H)，6.61~6.75(m，4H)，4.36(s，2H)，3.76(s，1H)。^{13}C NMR (100MHz，CDCl$_3$)：δ 169.69，168.43，143.50，136.90，136.83，132.34，130.10，130.02，129.36，128.86，127.79，124.50，124.47，120.97，52.16，47.65，41.32。HRMS(ESI)C$_{23}$H$_{17}$BrClN$_2$O$_2^+$ [M+H]$^+$的理论值为467.00921，实测数据为467.00892。

5.2.3　化合物11的合成方法

在5mL的微波反应器中将0.5mmol的醛溶于1mL甲醇，加入0.5mmol胺，室温搅拌反应10min，然后分别加入0.5mmol酸和0.5mmol异腈，室温下搅拌反应。TLC检测反应。将反应溶剂蒸干后得到乌吉加合产物的粗品。将粗产物置于Et$_3$N（2.0当量）和MeCN（3.0mL）的混合溶液中，在微波反应器中140℃反应10min。反应完成后，将反应体系冷却至室温，减压除去溶剂，残留物溶于15mL乙酸乙酯，分别用饱和碳酸氢钠和饱和食盐水各洗一次，有机相用无水硫酸镁干燥后浓缩，用乙酸乙酯/正己烷（0~30%）梯度洗脱分离得到目标化合物11。

5.2.3.1　化合物11a的合成方法

白色固体，收率68%。^{1}H NMR(400MHz，CDCl$_3$)：δ 7.54~7.61(m，

2H），7.43（q，*J* = 5.4Hz，3H），7.35（t，*J* = 7.8Hz，1H），7.27～7.32（m，3H），7.21（s，1H），7.04～7.13（m，3H），6.11（t，*J* = 5.5Hz，1H），4.38（dd，*J* = 14.9，6.2Hz，1H），4.29（s，1H），4.25（dd，*J* = 14.9，5.6Hz，1H），3.89～4.06（m，2H），0.94（t，*J* = 7.1Hz，3H）。^{13}C NMR（100MHz，CDCl$_3$）：δ 166.69，164.35，148.27，137.24，132.88，129.55，129.49，129.09，128.74，127.70，127.58，122.49，120.08，120.04，116.07，116.03，61.35，55.94，47.46，44.37，13.81。HRMS（ESI）C$_{26}$H$_{24}$F$_3$N$_2$O$_3^+$[M+H]$^+$的理论值为469.16608，实测数据为469.16632。

5.2.3.2　化合物 11b 的合成方法

白色固体，收率 55%。^{1}H NMR（400MHz，CDCl$_3$）：δ 7.56（d，*J* = 8.5Hz，2H），7.44（d，*J* = 8.4Hz，2H），7.30（dd，*J* = 6.4，1.8Hz，5H），7.06（dd，*J* = 6.5，2.8Hz，2H），6.78（d，*J* = 8.7Hz，2H），6.00（t，*J* = 5.9Hz，1H），4.44（dd，*J* = 14.7，6.6Hz，1H），4.24（s，1H），4.16（dd，*J* = 14.7，5.5Hz，1H），3.90～4.09（m，2H），1.00（t，*J* = 7.1Hz，3H）。^{13}C NMR（100MHz，CDCl$_3$）：δ 166.57，163.87，146.27，137.28，132.24，132.19，132.00，130.76，128.75，127.91，127.83，123.72，121.02，116.30，61.45，55.55，47.22，44.46，13.92。HRMS（ESI）C$_{25}$H$_{23}$Br$_2$N$_2$O$_3^+$[M+H]$^+$的理论值为556.99972，实测数据为556.99920。

5.2.3.3　化合物 11c 的合成方法

白色固体，收率 62%。^{1}H NMR（400MHz，CDCl$_3$）：δ 7.59（dd，*J* = 7.6，1.5Hz，2H），7.38～7.44（m，3H），7.35（d，*J* = 4.3Hz，1H），7.28（s，1H），7.23（d，*J* = 8.2Hz，3H），7.00～7.09（m，3H），6.96（d，*J* = 7.5Hz，2H），6.03（t，*J* = 5.5Hz，1H），4.43（dd，*J* = 14.8，6.5Hz，1H），4.29（s，1H），4.18（dd，

$J = 14.9$, 5.5Hz, 1H), 4.05-3.87(m, 2H), 0.92(t, $J = 7.1$Hz, 3H)。^{13}C NMR(100MHz, CDCl$_3$): δ 167.21, 164.72, 147.36, 137.58, 133.60, 129.21, 128.97, 128.94, 128.63, 127.74, 128.58, 123.42, 119.34, 61.13, 55.96, 47.15, 44.27, 13.83。HRMS(ESI)C$_{25}$H$_{25}$N$_2$O$_3^+$[M+H]$^+$ 的理论值为401.17869, 实测数据为401.17907。

5.2.3.4 化合物11d的合成方法

白色固体, 收率61%。^{1}H NMR(400MHz, CDCl$_3$): δ 7.40~7.45(m, 2H), 7.35~7.40 (m, 3H), 7.33(d, $J = 8.6$Hz, 2H), 7.23 (t, $J = 7.0$Hz, 3H), 6.95~7.03(m, 2H), 6.76(d, $J = 8.7$Hz, 2H), 5.71(t, $J = 5.3$Hz, 1H), 4.15(s, 1H), 3.80~4.00(m, 2H), 3.40~3.50(m, 1H), 3.25~3.30(m, 1H), 2.66(t, $J = 6.8$Hz, 2H), 0.93(t, $J = 7.1$Hz, 3H)。^{13}C NMR(100MHz, CDCl$_3$): δ 166.91, 164.37, 146.87, 138.14, 133.12, 131.90, 129.24, 129.02, 128.94, 128.72, 128.56, 126.65, 120.75, 115.94, 61.24, 47.22, 41.45, 35.23, 29.71, 13.82。HRMS(ESI)C$_{26}$H$_{26}$BrN$_2$O$_3^+$[M+H]$^+$的理论值为493.10486, 实测数据为493.10495。

5.2.3.5 化合物11e的合成方法

白色固体, 收率60%。^{1}H NMR(400MHz, CDCl$_3$): δ 7.52~7.59(m, 2H), 7.41(q, $J = 5.3$Hz, 3H), 7.24~7.33(m, 3H), 7.17(d, $J = 8.5$Hz, 2H), 7.07~7.11(m, 2H), 6.80~6.92 (m, 1H), 6.13(t, $J = 5.6$Hz, 1H), 4.46(dd, $J = 14.9$, 6.6Hz, 1H), 4.25(s, 1H), 4.19(dd, $J = 14.9$, 5.4Hz, 1H), 3.86~4.04(m, 2H), 0.93(t, $J = 7.1$Hz, 3H)。^{13}C NMR(100MHz, CDCl$_3$): δ 166.75, 164.40, 149.09, 137.37, 133.00, 130.31, 129.39, 129.11, 129.01, 128.79, 127.66, 127.64, 126.44, 122.63, 122.42, 118.03, 61.27, 55.97, 47.29, 44.34, 13.82。HRMS (ESI)C$_{25}$H$_{24}$BrN$_2$O$_3^+$[M+H]$^+$的理论值为479.08921, 实测数据为479.08901。

5.2.3.6　化合物 11f 的合成方法

白色固体，收率 67%。^{1}H NMR（400MHz，CDCl$_3$）：δ 7.58(dd，J=7.5，1.7Hz，2H)，7.39~7.47(m，3H)，7.24(d，J=8.2Hz，2H)，7.02(t，J=7.4Hz，1H)，6.93~6.99(m，2H)，5.53(d，J=8.1Hz，1H)，4.24(s，1H)，3.92(ddd，J=10.8，8.4，3.1Hz，2H)，3.46(t，J=6.7Hz，1H)，1.411.32(m，2H)，1.09~1.14(m，4H)，0.86~0.98(m，7H)。^{13}C NMR(100MHz，CDCl$_3$)：δ 167.35，163.62，147.58，133.82，129.13，128.83，123.33，119.20，61.06，56.08，49.02，47.05，32.41，25.32，24.44，13.83。HRMS（ESI）C$_{24}$H$_{29}$N$_2$O$_3{}^+$［M＋H］$^+$ 的理论值为 393.20998，实测数据为 393.20971。

5.2.3.7　化合物 11g 的合成方法

白色固体，收率 58%。^{1}H NMR(400MHz，CDCl$_3$)：δ 7.56(dd，J=7.5，1.8Hz，2H)，7.37~7.48(m，3H)，7.26~7.31(m，5H)，7.05(dd，J=6.8，2.5Hz，2H)，6.81(d，J=8.7Hz，2H)，6.07(t，J=5.7Hz，1H)，4.43(dd，J=14.8，6.5Hz，1H)，4.24(s，1H)，4.17(dd，J=14.8，5.6Hz，1H)，3.85~4.07(m，2H)，0.93(t，J=7.1Hz，3H)。^{13}C NMR(100MHz，CDCl$_3$)：δ 166.84，164.46，146.63，137.45，133.15，131.93，129.38，129.11，129.01，128.68，127.78，127.69，121.05，116.06，61.26，56.01，47.23，44.35，13.81。HRMS（ESI）的理论值为 C$_{25}$H$_{24}$BrN$_2$O$_3{}^+$［M＋H］$^+$ 479.08921，实测数据为 479.09001。

5.2.3.8　化合物 11h 的合成方法

白色固体，收率 60%。^{1}H NMR(400MHz，CDCl$_3$)：δ 7.55(dd，J=7.4，1.9Hz，2H)，7.37~7.45(m，3H)，7.27~7.33(m，2H)，7.09(d，J=7.8Hz，2H)，6.95(d，J=7.9Hz，2H)，6.80(d，J=8.7Hz，2H)，6.04(t，J=5.7Hz，1H)，4.38(dd，J=14.7，6.5Hz，1H)，4.24(s，1H)，4.12(dd，J=14.6，5.4Hz，1H)，3.86~4.04(m，2H)，2.33(s，3H)，0.93(t，J=

7.1Hz, 3H)。^{13}C NMR（100MHz, CDCl$_3$）：δ 166.87, 164.38, 146.67, 137.45, 134.44, 133.15, 131.91, 129.33, 129.11, 129.00, 127.82, 121.02, 116.02, 61.25, 56.01, 47.23, 44.13, 21.10, 13.82。HRMS（ESI）C$_{26}$H$_{26}$BrN$_2$O$_3^+$[M+H]$^+$的理论值为 493.10486, 实测数据为 493.10322。

5.2.3.9 化合物 11i 的合成方法

白色固体，收率 64%。^{1}H NMR（400MHz, CDCl$_3$）：δ 7.57（dd, J = 7.5, 1.8Hz, 2H）, 7.39 ~ 7.47（m, 3H）, 7.32（d, J = 8.7Hz, 2H）, 7.19 ~ 7.26（m, 1H）, 6.96（td, J = 8.4, 2.1Hz, 1H）, 6.72 ~ 6.87（m, 4H）, 6.09（t, J = 5.9Hz, 1H）, 4.42（dd, J = 15.0, 6.6Hz, 1H）, 4.23（s, 1H）, 4.15（dd, J = 15.0, 5.8Hz, 1H）, 3.90 ~ 4.03（m, 2H）, 0.93（t, J = 7.1Hz, 3H）。^{13}C NMR（100MHz, CDCl$_3$）：δ 166.77, 164.64, 146.52, 140.03, 133.07, 131.98, 129.47, 129.11, 129.09, 123.30, 121.03, 116.18, 114.73, 114.52, 61.30, 55.93, 47.20, 43.77, 13.81。HRMS（ESI）C$_{25}$H$_{23}$BrClN$_2$O$_3^+$[M+H]$^+$的理论值为 513.06132, 实测数据为 513.06004。

5.2.4 化合物 20 的合成方法

在 5mL 的微波反应器中将 0.5mmol 的醛溶于 1mL 甲醇，加入 0.5mmol 胺，室温搅拌反应 10min，然后分别加入 0.5mmol 酸和 0.5mmol 异腈，室温下搅拌反应。TLC 检测反应。将反应溶剂蒸干后得到乌吉加合产物的粗品。将粗产物置于 DBU（5.0 当量）和 DMF（3.0mL）的混合溶液中，在微波反应器中

130℃反应10min。反应完成后，将反应体系冷却至室温，减压除去溶剂，残留物溶于15mL乙酸乙酯，分别用饱和碳酸氢钠和饱和食盐水各洗一次，有机相用无水硫酸镁干燥后浓缩，用乙酸乙酯/正己烷（0~10%）梯度洗脱分离得到目标化合物20。

5.2.4.1 化合物20a的合成方法

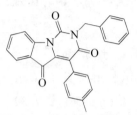

深黄色固体，收率73%。^{1}H NMR（400MHz，CDCl$_3$）：δ 8.48（d，J = 8.2Hz，1H），7.68~7.79（m，2H），7.54~7.60（m，2H），7.27~7.35（m，7H），7.26（s，1H）。5.26（s，2H），2.42（s，3H）。^{13}C NMR（100MHz，CDCl$_3$）：δ 181.79，163.03，147.28，146.40，139.91，137.53，136.23，134.60，130.46，129.54，128.81，128.56，128.01，126.03，125.01，124.66，123.49，119.98，117.09，45.06，21.56。HRMS（ESI）C$_{25}$H$_{19}$N$_2$O$_3^+$[M+H]$^+$ 的理论值为395.13902，实测数据为395.13901。

5.2.4.2 化合物20b的合成方法

红色固体，收率64%。^{1}H NMR（400MHz，CDCl$_3$）：δ 8.48（d，J = 8.2Hz，1H），7.69~7.85（m，2H），7.48（dd，J = 4.2，2.3Hz，3H），7.39~7.44（m，2H），7.29~7.37（m，5H），7.21~7.25（m，1H），4.24~4.35（m，2H），2.94~3.09（m，2H）。^{13}C NMR（100MHz，CDCl$_3$）：δ 181.81，162.78，147.09，146.50，138.10，137.65，134.79，130.47，129.68，129.02，128.62，128.05，127.70，126.69，126.09，125.09，123.42，119.69，117.04，43.33，33.82。HRMS（ESI）C$_{25}$H$_{19}$N$_2$O$_3^+$[M+H]$^+$的理论值为395.13902，实测数据为395.13901。

5.2.4.3 化合物20c的合成方法

黄色固体，收率61%。^{1}H NMR（400MHz，CDCl$_3$）：δ 8.47（d，J = 8.2Hz，1H），7.69~7.81（m，2H），7.53~7.62（m，4H），7.27~7.36（m，6H），5.25（s，2H）。^{13}C NMR（100MHz，CDCl$_3$）：δ 181.71，162.62，147.12，

146.47，137.79，136.03，134.89，132.26，131.30，129.52，128.60，128.10，126.51，126.23，125.16，124.27，123.23，118.45，117.13，45.13。HRMS（ESI）$C_{24}H_{16}BrN_2O_3^+[M+H]^+$ 的理论值为 459.03388，实测数据为 459.03345。

5.2.4.4 化合物 20d 的合成方法

红色固体，收率 75%。^1H NMR（400MHz，$CDCl_3$）：δ 8.48（d，$J=8.2Hz$，1H），7.78（d，$J=7.1Hz$，1H），7.69~7.75（m，1H），7.55~7.60（m，2H），7.41（d，$J=8.8Hz$，2H），7.32（qd，$J=8.6$，3.9Hz，4H），6.99（d，$J=8.8Hz$，2H），5.26（s，2H），3.87（s，3H）。^{13}C NMR（100MHz，$CDCl_3$）：δ 181.82，163.14，160.89，147.25，146.30，137.48，136.22，134.27，132.29，129.51，128.56，128.01，126.01，124.98，123.56，119.82，119.64，117.09，113.53，55.32，45.08。HRMS（ESI）$C_{25}H_{19}N_2O_4^+[M+H]^+$ 的理论值为 411.13393，实测数据为 411.13391。

5.2.4.5 化合物 20e 的合成方法

黄色固体，收率 68%。^1H NMR（400MHz，$CDCl_3$）：δ 8.47（d，$J=8.2Hz$，1H），7.68~7.81（m，2H），7.44（m，5H），7.32（t，$J=7.3Hz$，1H），4.86~4.93（m，1H），2.49（qd，$J=12.4$，3.3Hz，2H），1.88（d，$J=13.2Hz$，2H），1.70~1.78（m，2H），1.34~1.47（m，2H），1.18~1.33（m，2H）。^{13}C NMR（100MHz，$CDCl_3$）：δ 182.03，163.37，147.42，146.75，137.55，134.64，130.53，129.53，128.08，127.97，125.89，124.96，123.47，119.86，117.17，55.47，28.67，26.40，25.27。HRMS（ESI）$C_{23}H_{21}N_2O_3^+[M+H]^+$ 的理论值为 373.15467，实测数据为 373.15466。

5.2.4.6 化合物 20f 的合成方法

红色固体，收率 69%。^1H NMR（400MHz，d_6-DMSO）：δ 8.36（d，$J=8.2Hz$，1H），7.82~7.88（m，1H），7.78（d，$J=7.5Hz$，1H），7.39~7.46（m，8H），7.34（t，$J=7.4Hz$，2H），7.29（d，$J=7.1Hz$，1H），5.15（s，

2H）。^{13}C NMR（100MHz，d_6-DMSO）：δ 182.35，
163.25，   147.57，   146.58，   137.98，   136.98，
136.09，131.21，129.29，129.13，128.85，128.26，
127.96，127.83，126.40，125.11，123.80，118.11，
116.74，44.71。HRMS（ESI）$C_{24}H_{17}N_2O_3^+$[M+H]$^+$的
理论值为381.12337，实测数据为381.12338。

5.2.4.7 化合物20g的合成方法

红色固体，收率65%。^{1}H NMR（400MHz，CDCl$_3$）：
δ 8.37（t，$J=8.9$Hz，1H），8.32（d，$J=8.7$Hz，1H），
7.69（d，$J=7.5$Hz，1H），7.63（t，$J=7.7$Hz，1H），
7.33（d，$J=8.7$Hz，2H），6.91（d，$J=8.7$Hz，2H），
3.80（s，1H），3.78（s，3H），1.89（dd，$J=12.3$，
3.0Hz，1H），1.80（d，$J=10.1$Hz，2H），1.63~1.69
（m，3H），1.24~1.40（m，4H）。^{13}C NMR（100MHz，CDCl$_3$）：δ 185.06，
162.53，159.74，146.35，145.53，136.37，132.89，131.27，124.76，123.84，
122.58，118.95，116.11，112.78，112.42，54.28，47.37，31.70，27.64，25.37，
24.26，23.74。HRMS（ESI）$C_{24}H_{23}N_2O_4^+$[M+H]$^+$的理论值为403.16523，实测
数据为403.16522。

5.2.4.8 化合物20h的合成方法

红色固体，收率67%。^{1}H NMR（400MHz，CDCl$_3$）：
δ 8.46（d，$J=8.3$Hz，1H），7.78（d，$J=7.5$Hz，
1H），7.73（t，$J=7.9$Hz，1H），7.32（t，$J=7.5$Hz，
1H），6.88~6.96（m，3H），6.03（s，2H），4.83~
4.90（m，1H），2.43~2.53（m，2H），1.88（d，$J=$
10.3Hz，2H），1.73（d，$J=9.6$Hz，3H），1.35~1.45（m，3H）。^{13}C NMR
（100MHz，CDCl$_3$）：δ 181.99，163.39，148.85，147.42，147.33，146.58，
137.50，134.48，125.86，125.07，124.94，123.50，121.29，119.61，
117.15，111.04，108.07，101.41，55.46，28.64，26.37，25.26。HRMS
（ESI）$C_{24}H_{21}N_2O_5^+$[M+H]$^+$的理论值为417.03285，实测数据为417.03277。

5.2.4.9　化合物 20i 的合成方法

红色固体，收率 74%。^{1}H NMR（400MHz，CDCl$_3$）：δ 8.48（d，J = 8.2Hz，1H），7.81（d，J = 7.5Hz，1H），7.76（t，J = 7.8Hz，1H），7.29 ~ 7.38（m，5H），7.24（dd，J = 6.0，2.9Hz，1H），6.91 ~ 6.96（m，2H），6.90（d，J = 2.5Hz，1H），6.04（s，2H），4.21 ~ 4.39（m，2H），2.88 ~ 3.07（m，2H）。^{13}C NMR（100MHz，CDCl$_3$）：δ 181.79，162.83，149.00，147.50，147.01，146.34，138.08，137.62，134.63，129.02，128.62，126.70，126.08，125.08，123.47，120.98，119.47，117.03，110.97，108.17，101.47，43.34，33.81。HRMS（ESI）C$_{26}$H$_{19}$N$_2$O$_5^+$[M+H]$^+$的理论值为 439.10782，实测数据为 439.10757。

5.2.4.10　化合物 20j 的合成方法

红色固体，收率 59%。^{1}H NMR（400MHz，CDCl$_3$）：δ 8.42（d，J = 8.2Hz，1H），7.85（d，J = 7.6Hz，1H），7.74（t，J = 7.8Hz，1H），7.37（t，J = 7.5Hz，1H），7.27 ~ 7.32（m，1H），7.21（d，J = 7.5Hz，2H），7.03（dd，J = 8.1，1.7Hz，1H），6.98（d，J = 1.5Hz，1H），6.90（d，J = 8.1Hz，1H），6.03（s，2H），2.20（s，6H）。^{13}C NMR（100MHz，CDCl$_3$）：δ 181.70，162.16，149.15，147.43，146.29，146.18，137.72，135.37，135.28，132.83，129.31，128.76，126.19，125.44，125.12，123.62，120.63，119.74，117.22，111.19，108.06，101.49，17.86。HRMS（ESI）C$_{26}$H$_{19}$N$_2$O$_5^+$[M+H]$^+$的理论值为 439.23581，实测数据为 439.23589。

5.2.4.11　化合物 20k 的合成方法

红色固体，收率 62%。^{1}H NMR（400MHz，CDCl$_3$）：δ 8.47（d，J = 8.2Hz，1H），7.78（d，J = 7.5Hz，1H），7.68 ~ 7.75（m，1H），7.57（d，J = 6.7Hz，2H），7.31（dd，J = 15.3，8.3Hz，4H），6.94（dd，J = 8.2，1.3Hz，1H），6.89（d，J =

7.6Hz, 2H), 6.03(s, 2H), 5.25(s, 2H)。^{13}C NMR(100MHz, CDCl$_3$): δ 181.71, 162.98, 148.99, 147.47, 147.19, 146.30, 137.57, 136.15, 134.67, 129.53, 128.57, 128.04, 126.08, 125.13, 125.04, 123.44, 120.96, 119.51, 117.09, 111.00, 108.14, 101.46, 45.10。HRMS(ESI) C$_{25}$H$_{17}$N$_2$O$_5^+$ [M+H]$^+$ 的理论值为 425.11369, 实测数据为 425.11360。

5.2.4.12　化合物20l的合成方法

红色固体, 收率 64%。^{1}H NMR(400MHz, CDCl$_3$): δ 8.48(d, $J = 8.2$Hz, 1H), 7.80(d, $J = 7.6$Hz, 1H), 7.76(d, $J = 8.0$Hz, 1H), 7.61(d, $J = 8.4$Hz, 2H), 7.32~7.38(m, 5H), 7.30(d, $J = 8.4$Hz, 3H), 4.27~4.31(m, 2H), 2.99~3.04(m, 2H)。^{13}C NMR (100MHz, CDCl$_3$): δ 181.79, 162.46, 146.93, 146.50, 137.97, 137.84, 134.84, 132.21, 131.31, 129.00, 128.63, 126.72, 126.52, 126.23, 125.20, 124.25, 123.25, 118.39, 117.07, 43.43, 33.30。HRMS(ESI) C$_{25}$H$_{18}$BrN$_2$O$_3^+$ [M+H]$^+$ 的理论值为 473.04251, 实测数据为 473.04256。

5.2.4.13　化合物20m的合成方法

红色固体, 收率 67%。^{1}H NMR (400MHz, CDCl$_3$): δ 8.48(d, $J = 8.2$Hz, 1H), 7.80(d, $J = 7.6$Hz, 1H), 7.75(t, $J = 7.8$Hz, 1H), 7.41(d, $J = 8.6$Hz, 2H), 7.30~7.36(m, 5H), 7.23(d, $J = 6.9$Hz, 1H), 7.00(d, $J = 8.6$Hz, 2H), 4.24~4.34(m, 2H), 3.88(s, 3H), 2.97~3.06(m, 2H)。^{13}C NMR (100MHz, CDCl$_3$): δ 181.87, 162.97, 160.88, 147.05, 146.31, 138.13, 137.51, 133.91, 132.26, 129.02, 128.75, 128.61, 126.70, 126.67, 126.00, 125.00, 123.56, 119.65, 117.00, 113.53, 55.33, 43.33, 33.83。HRMS(ESI) C$_{26}$H$_{21}$N$_2$O$_4^+$ [M+H]$^+$ 的理论值为 425.14529, 实测数据为 425.14523。

5.2.4.14　化合物20n的合成方法

红色固体, 收率 70%。^{1}H NMR(400MHz, CDCl$_3$): δ 8.42(d, $J = $

8.2Hz，1H），7.85（d，J = 7.5Hz，1H），7.75（t，J = 7.8Hz，1H），7.59（d，J = 8.4Hz，2H），7.37（t，J = 7.4Hz，3H），7.24~7.33（m，2H），7.21（d，J = 7.4Hz，2H），2.20（s，6H）。^{13}C NMR（100MHz，CDCl$_3$）：δ　181.69，161.81，146.46，146.11，137.96，135.59，135.33，132.68，132.43，131.21，129.39，128.80，126.36，126.17，125.25，124.43，123.40，118.64，117.26，17.86。HRMS（ESI）C$_{25}$H$_{18}$BrN$_2$O$_3^+$[M+H]$^+$的理论值为 473.04325，实测数据为 473.04322。

5.2.4.15　化合物 20o 的合成方法

红色固体，收率71%。^{1}H NMR（400MHz，CDCl$_3$）：δ 8.43（d，J = 8.2Hz，1H），7.84（d，J = 7.6Hz，1H），7.75（t，J = 7.8Hz，1H），7.48（d，J = 2.2Hz，5H），7.37（t，J = 7.5Hz，1H），7.27~7.34（m，1H），7.21（d，J = 7.5Hz，2H），2.22（s，6H）。^{13}C NMR（100MHz，CDCl$_3$）：δ　181.73，162.10，146.46，146.26，137.77，135.51，135.38，132.82，130.70，129.84，129.30，128.76，127.94，127.32，126.21，125.14，123.55，119.96，117.23，17.86。HRMS（ESI）C$_{25}$H$_{19}$N$_2$O$_3^+$[M+H]$^+$的理论值为 395.13473，实测数据为 395.13462。

5.2.4.16　化合物 20p 的合成方法

深黄色固体，收率 61%。^{1}H NMR（400MHz，CDCl$_3$）：δ 8.43（d，J = 8.2Hz，1H），7.85（d，J = 7.6Hz，1H），7.74（t，J = 7.8Hz，1H），7.50（d，J = 8.7Hz，2H），7.37（t，J = 7.5Hz，1H），7.28~7.3（m，1H），7.21（d，J = 7.4Hz，2H），6.99（d，J = 8.7Hz，2H），3.87（s，3H），2.21（s，6H）。^{13}C NMR（100MHz，CDCl$_3$）：δ　181.81，162.34，161.06，146.29，137.64，135.40，132.90，132.54，129.28，128.76，126.12，125.06，123.74，

120.05，119.33，117.22，113.43，55.33，17.87。HRMS（ESI）$C_{26}H_{21}N_2O_4^+$ [M+H]$^+$的理论值为425.14395，实测数据为425.14388。

5.3 化合物35、36、37和38的合成方法

5.3.1 化合物35的合成方法

在5mL的微波反应器中将0.5mmol的邻甲酰基苯甲酸甲酯溶于1mL甲醇，加入0.5mmol 2,4-二甲氧基苄胺，室温搅拌反应10min，然后分别加入0.5mmol羧酸和0.5mmol异腈，室温下搅拌反应。TLC检测反应。反应完成后除去溶剂，残留物溶于10% TFA/DCE（3.0mL），置于微波反应器中120℃反应10min。反应完成后冷却至室温，减压除去溶剂，残留物溶于15mL乙酸乙酯，分别用饱和碳酸氢钠和饱和食盐水各洗一次，有机相用无水硫酸镁干燥后浓缩，过滤浓缩后残留物用乙酸乙酯/正己烷（5%~30%）梯度洗脱分离得到目标化合物35。

5.3.1.1 化合物35a的合成方法

白色固体，收率66%。^{1}H NMR（400MHz，CDCl$_3$）：δ 7.81（d，J = 7.6Hz，1H），7.70（dt，J = 15.1，7.4Hz，2H），7.52（dd，J = 14.9，7.5Hz，3H），7.22（dd，J = 14.3，7.3Hz，6H），7.05~7.14（m，1H），6.63（s，1H），5.81（s，1H），4.51（dd，J = 14.9，5.7Hz，1H），4.40（dd，J = 14.9，5.4Hz，1H）。^{13}C NMR（100MHz，CDCl$_3$）：δ 166.6，166.2，165.3，161.1，158.6，140.9，137.3，135.0，133.3，129.9，129.6，129.4，128.7，127.6，127.5，

125.6，124.5，123.4，115.5，62.6，43.9。HRMS $C_{23}H_{18}FN_2O_3[M+H]^+$ 的理论值为 389.12964，实测数据为 389.12951。

5.3.1.2 化合物 35b 的合成方法

白色固体，收率 68%。^1H NMR（400MHz，CDCl$_3$）：
δ 7.84（d，$J=7.6$Hz，1H），7.79（d，$J=7.6$Hz，
1H），7.71（t，$J=7.4$Hz，1H），7.55（t，$J=7.0$Hz，
3H），7.30（t，$J=7.5$Hz，1H），7.18（t，$J=9.6$Hz，
1H），6.05（d，$J=5.4$Hz，1H），5.81（s，1H），3.74~
3.78（m，1H），1.65~1.78（m，2H），1.54~1.62（m，3H），1.28~1.34
（m，2H），0.96~1.21（m，3H）。^{13}C NMR（100MHz，CDCl$_3$）：δ 166.3，
165.6，165.1，161.2，158.8，141.3，135.0，133.3，129.8，129.6，
129.1，125.5，124.7，123.7，123.6，123.5，115.5，62.7，48.7，
32.6，25.4，24.6。HRMS $C_{22}H_{22}FN_2O_3[M+H]^+$ 的理论值为 381.16058，
实测数据为 381.16069。

5.3.1.3 化合物 35c 的合成方法

白色固体，收率 53%。^1H NMR（400MHz，
CDCl$_3$）：δ 7.92（d，$J=7.6$Hz，1H），7.69
（t，$J=7.4$Hz，1H），7.53~7.64（m，2H），
7.28~7.38（m，3H），7.20（d，$J=7.4$Hz，
6H），5.96（s，1H），5.56（s，1H），4.53（dd，$J=15.1$，7.2Hz，2H），
4.18~4.38（m，2H）。^{13}C NMR（100MHz，CDCl$_3$）：δ 171.4，167.2，
166.5，140.6，137.3，134.9，133.2，132.0，131.0，130.0，129.9，
128.8，127.8，127.7，125.6，123.1，62.7，43.9，42.2。HRMS $C_{24}H_{20}ClN_2O_3$
$[M+H]^+$ 的理论值为 419.1142，实测数据为 419.11534。

5.3.1.4 化合物 35d 的合成方法

白色固体，收率 51%。^1H NMR
（400MHz，CDCl$_3$）：δ 7.92（d，$J=7.6$Hz，
1H），7.69（t，$J=7.4$Hz，1H），7.57（t，
$J=7.5$Hz，2H），7.45（s，1H），7.30（dd，

$J = 12.0$, 8.1Hz, 4H), 7.19 (d, $J = 7.1$Hz, 2H), 7.14 (d, $J = 8.2$Hz, 1H), 6.13 (s, 1H), 5.52 (s, 1H), 4.28 ~ 4.57 (m, 4H)。^{13}C NMR (100MHz, CDCl$_3$)：δ 170.9, 167.2, 166.5, 140.5, 137.3, 134.9, 133.7, 132.5, 131.8, 131.5, 130.4, 130.1, 129.9, 129.1, 128.8, 127.8, 127.7, 125.7, 122.9, 62.8, 44.0, 41.9。HRMS C$_{24}$H$_{19}$Cl$_2$N$_2$O$_3$ [M+H]$^+$的理论值为 453.07675, 实测数据为 453.07567。

5.3.1.5　化合物 35e 的合成方法

白色固体, 收率 56%。^{1}H NMR (400MHz, CDCl$_3$)：δ 7.90 (d, $J = 7.6$Hz, 1H), 7.61 ~ 7.67 (m, 2H), 7.55 (t, $J = 7.3$Hz, 1H), 7.18 ~ 7.27 (m, 5H), 7.14 (d, $J = 6.5$Hz, 2H), 6.75 (d, $J = 8.5$Hz, 2H), 5.98 (s, 1H), 5.57 (s, 1H), 4.39 ~ 4.59 (m, 2H), 4.20 ~ 4.28 (m, 2H), 3.75 (s, 3H)。^{13}C NMR (100MHz, CDCl$_3$)：δ 172.2, 167.1, 166.7, 158.8, 140.7, 137.4, 134.7, 130.7, 130.1, 129.7, 128.7, 127.6, 125.5, 123.2, 114.1, 62.7, 55.2, 43.7, 42.0。HRMS C$_{25}$H$_{23}$N$_2$O$_4$ [M + H]$^+$的理论值为 415.16528, 实测数据为 415.16539。

5.3.1.6　化合物 35f 的合成方法

白色固体, 收率 58%。^{1}H NMR (400MHz, DMSO-d_6)：δ 8.57 (d, $J = 7.1$Hz, 1H), 7.87 (d, $J = 7.6$Hz, 1H), 7.79 (t, $J = 7.5$Hz, 1H), 7.54 ~ 7.68 (m, 2H), 7.34 (d, $J = 8.2$Hz, 3H), 5.62 (s, 1H), 4.37 (q, $J = 16.7$Hz, 2H), 3.46 (s, 1H), 1.51 ~ 1.77 (m, 5H), 1.24 (s, 5H)。^{13}C NMR (100MHz, DMSO-d_6)：δ 170.8, 167.7, 165.7, 142.0, 135.1, 134.0, 132.1, 131.8, 130.7, 129.9, 128.6, 125.1, 123.2, 62.5, 48.4, 42.0, 32.7, 25.6, 24.8。HRMS C$_{23}$H$_{24}$ClN$_2$O$_3$ [M + H]$^+$的理论值为 411.14701, 实测数据为 411.14711。

5.3.2　化合物 36 的合成方法

在 5mL 的微波反应器中将 0.5mmol 邻甲酰基苯甲酸甲酯溶于 1mL 甲醇，加入 0.5mmol 芳胺，室温搅拌反应 10min，然后分别加入 0.05mmol 苯膦酸和 0.5mmol 异腈，室温下搅拌反应。TLC 检测反应。反应完成后除去溶剂，残留物溶于 10% TFA/DCE（3.0mL），置于微波反应器中 120℃反应 10min。反应完成后冷却至室温，减压除去溶剂，残留物溶于 15mL 乙酸乙酯，分别用饱和碳酸氢钠和饱和食盐水各洗一次，有机相用无水硫酸镁干燥后浓缩，用乙酸乙酯/正己烷（0~40%）梯度洗脱分离得到目标化合物 36。

5.3.2.1　化合物 36a 的合成方法

白色固体，收率 67%。^{1}H NMR（CDCl$_3$，400MHz）：δ 7.64 ~ 7.82（m，4H），7.66（t，J = 7.5Hz，1H），7.53（t，J = 7.4Hz，1H），7.42（t，J = 7.8Hz，2H），7.24（d，J = 7.6Hz，1H），7.06 ~ 7.18（m，3H），6.75（d，J = 7.0Hz，2H），6.19（s，1H），5.74（s，1H），4.48（dd，J = 15.1，6.7Hz，1H），4.13（dd，J = 11.1，4.4Hz，1H）。^{13}C NMR（100MHz，CDCl$_3$）：δ 168.0，167.6，140.0，137.8，137.0，133.1，130.9，129.6，129.5，128.6，127.4，127.0，125.4，124.4，122.9，120.2，65.2，43.3。HRMS C$_{22}$H$_{19}$N$_2$O$_2$［M+H］$^+$ 的理论值为 343.14421，实测数据为 343.14432。

5.3.2.2　化合物 36b 的合成方法

白色固体，收率 58%。^{1}H NMR（400MHz，CDCl$_3$）：δ 7.86（d，J = 7.5Hz，1H），7.78（d，J = 7.6Hz，1H），7.67（t，J = 7.5Hz，1H），7.55（t，J = 7.5Hz，1H），7.44（t，J = 7.6Hz，1H），7.36（dd，J = 10.1，6.8Hz，1H），7.20（dt，J = 11.4，7.3Hz，5H），6.88（d，J = 6.7Hz，

2H)，6.35（s，1H），5.72（s，1H），4.45（dd，$J=$ 14.9，6.4Hz，1H），4.18（dd，$J=14.8$，4.8Hz，1H）。^{13}C NMR（100MHz，CDCl$_3$）：δ 168.1，167.2，158.8，156.3，141.3，137.0，133.1，129.8，129.5，129.4，128.6，128.1，127.6，127.3，125.2，124.6，123.1，117.1，116.9，66.3，43.5。HRMS C$_{22}$H$_{18}$FN$_2$O$_2$ ［M+H］$^+$的理论值为 361.13466，实测数据为 361.13452。

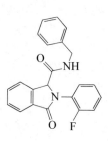

5.3.2.3　化合物 36c 的合成方法

白色固体，收率 56%。^{1}H NMR（400MHz，CDCl$_3$）：δ 8.18（d，$J=8.1$Hz，1H），8.07（s，1H），7.97（d，$J=7.4$Hz，1H），7.79~7.93（m，3H），7.67（t，$J=$ 7.3Hz，1H），7.59（t，$J=7.4$Hz，1H），7.45（t，$J=$ 7.8Hz，2H），7.37（d，$J=7.8$Hz，1H），7.24（dd，$J=13.2$，5.4Hz，2H），6.91（t，$J=7.3$Hz，1H），5.82（s，1H）。^{13}C NMR（100MHz，CDCl$_3$）：δ 167.9，165.9，139.6，137.6，134.4，133.3，132.3，130.9，129.8，129.6，128.2，125.9，125.7，124.7，123.0，121.9，120.5，113.9，65.5。HRMS C$_{21}$H$_{16}$BrN$_2$O$_2$［M+H］$^+$的理论值为 409.03731，实测数据为 409.037008。

5.3.2.4　化合物 36d 的合成方法

白色固体，收率 64%。^{1}H NMR（400MHz，CDCl$_3$）：δ 8.18（d，$J=8.1$Hz，1H），8.13（s，1H），8.01（d，$J=7.5$Hz，1H），7.80（d，$J=7.5$Hz，1H），7.66~ 7.76（m，2H），7.61（t，$J=7.4$Hz，1H），7.46（d，$J=8.0$Hz，1H），7.36（dd，$J=12.9$，6.1Hz，1H），7.23~7.30（m，3H），6.97（dd，$J=11.2$，4.2Hz，1H），5.87（s，1H）。^{13}C NMR（100MHz，CDCl$_3$）：δ 168.3，165.8，158.5，156.1，140.8，134.6，133.4，132.4，129.8，129.5，128.6，128.3，126.0，125.1，124.9，124.3，123.1，122.2，117.3，113.9，66.8。HRMS C$_{21}$H$_{15}$BrFN$_2$O$_2$ ［M+H］$^+$的理论值为 425.02951，实测数据为 425.02967。

5.3.2.5 化合物 36e 的合成方法

白色固体，收率 72%。^{1}H NMR（400MHz，DMSO-d_6）：
δ 8.61（d，$J=7.5$Hz，1H），7.74（d，$J=7.4$Hz，1H），
7.58～7.71（m，3H），7.52（dd，$J=12.6$，7.0Hz，
2H），7.35（t，$J=7.8$Hz，2H），7.10（t，$J=7.3$Hz，
1H），5.80（s，1H），3.39（s，1H），1.44～1.59（m，
5H），1.13～1.15（m，5H）。^{13}C NMR（100MHz，DMSO-d_6）：δ 167.6，
166.0，141.5，139.0，133.1，132.3，129.5，129.3，124.9，123.9，
122.5，120.6，64.4，48.4，32.6，25.6，24.8。HRMS $C_{21}H_{23}N_2O_2$
[M+H]$^+$ 的理论值为 335.17547，实测数据为 335.17556。

5.3.2.6 化合物 36f 的合成方法

白色固体，收率 57%。^{1}H NMR（400MHz，CDCl$_3$）：
δ 7.78～7.85（m，2H），7.63（dd，$J=13.4$，6.7Hz，
1H），7.50（dt，$J=12.1$，7.5Hz，2H），7.31～7.42
（m，1H），7.18～7.30（m，2H），6.12～6.24（m，
1H），5.61（s，1H），3.51～3.70（m，1H），1.43～
1.73（m，5H），1.23（d，$J=12.4$Hz，2H），0.91～0.97（m，3H）。^{13}C
NMR（100MHz，CDCl$_3$）：δ 168.2，166.2，158.9，156.5，141.7，133.0，
129.7，129.6，129.5，129.3，128.3，125.2，125.1，124.5，122.9，
116.9，116.7，66.5，48.5，32.4，25.2，24.5。HRMS $C_{21}H_{22}FN_2O_2$
[M+H]$^+$ 的理论值为 353.16612，实测数据为 353.16629。

5.3.2.7 化合物 36g 的合成方法

白色固体，收率 66%。^{1}H NMR（400MHz，CDCl$_3$）：δ
7.70（t，$J=7.5$Hz，3H），7.61（t，$J=7.5$Hz，1H），
7.43～7.48（m，2H），7.35（t，$J=7.6$Hz，1H），7.25
（d，$J=7.6$Hz，1H），6.80（s，1H），5.65（s，1H），
3.55～3.75（m，1H），1.47～1.76（m，5H），1.20～1.26
（m，2H），1.01～1.08（m，3H）。^{13}C NMR（100MHz，CDCl$_3$）：δ 168.4，
166.2，141.7，136.2，133.8，132.9，130.0，129.8，129.2，128.6，

124.4，122.8，122.7，66.8，48.9，32.5，25.3，24.9。HRMS $C_{21}H_{22}BrN_2O_2$ [M+H]$^+$的理论值为 415.08356，实测数据为 415.08311。

5.3.2.8 化合物 36h 的合成方法

白色固体，收率 70%。^{1}H NMR（400MHz，CDCl$_3$）：δ 7.75（d，J = 7.3Hz，1H），7.53（d，J = 7.4Hz，1H），7.48（t，J = 7.2Hz，1H），7.41（t，J = 7.2Hz，1H），7.25（dd，J = 10.7，5.7Hz，5H），5.67（d，J = 7.6Hz，1H），5.19（d，J = 14.8Hz，1H），4.76（s，1H），4.23（d，J = 14.8Hz，1H），3.49~3.70（m，1H），1.76（d，J = 10.8Hz，1H），1.50~1.59（m，4H），1.10~1.33（m，2H），0.94~0.97（m，2H），0.76~0.79（m，1H）。^{13}C NMR（100MHz，CDCl$_3$）：δ 169.7，166.5，141.5，136.3，132.4，130.6，129.0，129.0，128.6，128.1，123.9，122.7，64.4，48.7，46.0，32.9，32.5，25.3，24.8。HRMS $C_{22}H_{25}N_2O_2$ [M+H]$^+$的理论值为 349.19119，实测数据为 349.19125。

5.3.3 化合物 37 的合成方法

在 5mL 的微波反应器中将 0.5mmol 邻甲酰基苯甲酸甲酯溶于 1mL 甲醇，加入 0.5mmol 芳胺，室温搅拌反应 10min，然后分别加入 0.05mmol 苯膦酸和 0.5mmol N-Boc-邻胺基苯基异腈，室温下搅拌反应。TLC 检测反应。反应完成后除去溶剂，残留物溶于 10% TFA/DCE（3.0mL），置于微波反应器中 120℃反应 10min。反应完成后冷却至室温，减压除去溶剂，残留物溶于 15mL 乙酸乙酯，分别用饱和碳酸氢钠和饱和食盐水各洗一次，有机相用无水硫酸镁干燥后浓缩，用乙酸乙酯/正己烷（0~40%）梯度洗脱分离得到目标化合物 37。

5.3.3.1 化合物 37a 的合成方法

黄色固体，收率 62%。^{1}H NMR（400MHz，CDCl$_3$）：δ 7.65（d，J = 8.8Hz，3H），7.58（d，J = 7.6Hz，1H），7.52（t，J = 7.2Hz，1H），7.26～7.36（m，5H），7.17（dt，J = 14.6，7.4Hz，2H），6.61（s，1H）。^{13}C NMR（100MHz，CDCl$_3$）：δ 171.1，168.8，149.8，141.7，136.5，133.4，132.2，130.2，129.6，123.8，123.7，123.5，123.4，122.2，118.7，60.4。HRMS C$_{21}$H$_{14}$ClN$_3$O[M+H]$^+$的理论值为 360.08429，实测数据为 360.08435。

5.3.3.2 化合物 37b 的合成方法

白色固体，收率 59%。^{1}H NMR（400MHz，CDCl$_3$）：δ 11.86（s，1H），7.74（d，J = 7.8Hz，1H），7.69（d，J = 7.9Hz，2H），7.50（d，J = 7.6Hz，1H），7.40（t，J = 7.0Hz，1H），7.31（d，J = 7.7Hz，1H），7.16（dd，J = 14.4，6.8Hz，4H），6.99～7.07（m，3H），6.52（s，1H）。^{13}C NMR（100MHz，CDCl$_3$）：δ 150.3，143.2，142.0，137.4，134.6，133.0，130.4，129.4，129.2，125.7，123.6，123.3，122.2，121.3，119.5，111.7，61.5。HRMS C$_{21}$H$_{15}$N$_3$O[M+H]$^+$的理论值为 326.12134，实测数据为 326.12162。

5.3.3.3 化合物 37c 的合成方法

白色固体，收率 64%，^{1}H NMR（400MHz，CDCl$_3$）：δ 7.75（s，1H），7.68（d，J = 8.0Hz，1H），7.61（d，J = 7.6Hz，1H），7.51（d，J = 7.3Hz，3H），7.22～7.26（m，2H），7.20（d，J = 7.8Hz，1H），7.01～7.17（m，3H），6.65（s，1H）。^{13}C NMR（100MHz，CDCl$_3$）：δ 149.3，143.2，135.3，134.6，133.6，132.9，130.5，129.5，129.4，128.5，123.6，123.5，123.0，122.2，119.5，111.6，62.3。HRMS C$_{21}$H$_{14}$BrN$_3$O[M+H]$^+$的理论值为 404.03049，实测数据为 404.02093。

5.3.3.4 化合物 37d 的合成方法

白色固体，收率 57%。^{1}H NMR（400MHz，甲醇-d_4）：δ 8.14（s，1H），

8.01(s, 1H), 7.66(t, $J=6.6$Hz, 2H), 7.51~7.61 (m, 4H), 7.35(dd, $J=6.2$, 3.2Hz, 2H), 7.29(d, $J=8.3$Hz, 1H), 7.23(t, $J=8.0$Hz, 1H), 6.90(s, 1H)。^{13}C NMR (100MHz, Methanol-d_4)：δ 171.8, 149.5, 140.9, 135.7, 133.5, 130.4, 129.9, 128.7, 125.0, 124.3, 123.0, 122.6, 119.9, 114.7, 60.4。HRMS $C_{21}H_{14}BrN_3O$ [M+H]$^+$的理论值为 404.03075，实测数据为 404.03171。

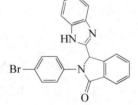

5.3.3.5　化合物 37e 的合成方法

白色固体，收率 70%。^{1}H NMR (400MHz, 甲醇-d_4)：δ 7.97 (d, $J=6.6$Hz, 1H), 7.75 (d, $J=11.1$Hz, 1H), 7.58~7.64 (m, 2H), 7.47(d, $J=7.1$Hz, 3H), 7.42(d, $J=8.2$Hz, 1H), 7.24~7.32 (m, 1H), 7.20(dd, $J=6.1$, 3.2Hz, 2H), 6.80~6.88(m, 1H), 6.62(s, 1H)。^{13}C NMR(100MHz, Methanol-d_4)：δ 168.1, 164.0, 161.6, 150.0, 141.9, 138.9, 133.2, 130.6, 130.1, 129.4, 124.0, 122.9, 116.6, 112.0, 111.8, 109.2, 108.9, 60.3。HRMS $C_{21}H_{14}FN_3O$[M+H]$^+$的理论值为 344.13154，实测数据为 344.13121。

5.3.3.6　化合物 37f 的合成方法

白色固体，收率 66%。^{1}H NMR (400MHz, CDCl$_3$)：δ 7.65(d, $J=8.8$Hz, 3H), 7.58(d, $J=7.6$Hz, 1H), 7.52 (t, $J=7.2$Hz, 1H), 7.26~7.36(m, 5H), 7.17(dt, $J=14.6$, 7.4Hz, 2H), 6.61(s, 1H)。^{13}C NMR(100MHz, CDCl$_3$)：δ 171.2, 168.8, 149.8, 141.7, 136.5, 133.4, 132.2, 130.2, 129.6, 123.8, 123.7, 123.5, 123.4, 122.2, 118.7, 60.4。HRMS $C_{21}H_{14}BrN_3O$[M+H]$^+$的理论值为 404.03100，实测数据为 404.03104。

5.3.3.7　化合物 37g 的合成方法

黄色固体，收率 63%。^{1}H NMR(400MHz, CDCl$_3$)：δ 7.69~7.78(m, 2H), 7.52(d, $J=8.2$Hz, 4H), 7.30(s, 1H), 7.25(s, 2H), 7.08(t, $J=7.3$Hz, 1H), 7.00 (d, $J=7.2$Hz, 2H), 6.64 (s, 1H)。^{13}C NMR

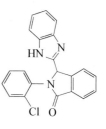

（100MHz，CDCl$_3$）：δ 169.8，149.4，143.3，143.1，134.7，133.6，132.9，132.9，131.5，130.6，130.2，129.3，127.8，123.6，123.4，122.2，119.5，111.7，62.2。HRMS C$_{21}$H$_{14}$ClN$_3$O［M＋H］$^+$ 的理论值为 360.08175，实测数据为 360.08179。

5.3.3.8 化合物 37h 的合成方法

白色固体，收率 68%。^{1}H NMR（400MHz，CDCl$_3$）：δ 7.68（dd，$J = 9.1$，4.6Hz，3H），7.55（d，$J = 7.6$Hz，1H），7.47（dt，$J = 7.9$，4.0Hz，2H），7.26（t，$J = 4.0$Hz，2H），7.06（d，$J = 4.0$Hz，2H），6.90（t，$J = 8.6$Hz，2H），6.52（s，1H）。^{13}C NMR（100MHz，CDCl$_3$）：δ 169.0，161.5，159.0，149.9，142.4，133.3，133.2，133.1，130.2，129.5，123.6，123.5，123.4，116.2，115.9，61.9。HRMS C$_{21}$H$_{14}$FN$_3$O［M＋H］$^+$ 的理论值为 344.13121，实测数据为 344.13132。

5.3.4 化合物 38 的合成方法

在 5mL 的微波反应器中将 0.5mmol 的醛溶于 1mL 甲醇，加入 0.5mmol 胺，室温搅拌反应 10min，然后分别加入 0.5mmol TMSN$_3$ 和 0.5mmol 异腈，室温下搅拌反应。TLC 检测反应。反应完成后除去溶剂，残留物溶于 10% TFA/DCE（3.0mL），置于微波反应器中 120℃反应 20min。反应完成后冷却至室温，减压除去溶剂，残留物溶于 15mL 乙酸乙酯，分别用饱和碳酸氢钠和饱和食盐水各洗一次，有机相用无水硫酸镁干燥后浓缩，用乙酸乙酯/正己烷（0~40%）梯度洗脱分离得到目标化合物 38。

5.3.4.1　化合物38a的合成方法

白色固体，收率71%。^{1}H NMR（400MHz，CDCl$_3$）：δ 8.32（d，$J=7.7$Hz，1H），7.67~7.81（m，2H），7.55~7.65（m，1H），7.36（d，$J=7.8$Hz，1H），7.28~7.33（m，1H），7.20~7.25（m，1H），7.01~7.07（m，2H），6.95（t，$J=7.4$Hz，1H），6.82（t，$J=7.7$Hz，2H），6.28（d，$J=7.6$Hz，2H），5.14（d，$J=15.7$Hz，1H），4.49（d，$J=15.8$Hz，1H）。^{13}C NMR（100MHz，CDCl$_3$）：δ 154.8，149.1，142.1，141.8，132.4，131.5，131.0，129.8，128.7，128.6，127.3，126.3，125.5，125.4，125.0，124.7，124.2，119.1，110.0，53.8，51.7。HRMS C$_{22}$H$_{17}$N$_6$[M+H]$^+$的理论值为365.15095，实测数据为365.15068。

5.3.4.2　化合物38b的合成方法

白色固体，收率53%。^{1}H NMR（400MHz，CDCl$_3$）：δ 8.31（d，$J=7.6$Hz，1H），7.92（d，$J=8.1$Hz，1H），7.72（t，$J=7.6$Hz，1H），7.63（td，$J=7.6$，1.0Hz，1H），7.48（d，$J=7.2$Hz，1H），7.34~7.42（m，1H），7.30（dd，$J=8.1$，0.9Hz，1H），7.08~7.19（m，2H），2.77~2.93（m，1H），1.41~1.69（m，5H），0.91~1.17（m，2H），0.62~0.81（m，3H）。^{13}C NMR（100MHz，CDCl$_3$）：δ 156.1，148.6，144.5，143.1，132.0，131.3，130.4，127.0，125.2，124.7，124.3，123.8，120.0，109.8，59.2，53.8，32.5，25.0，24.8，24.3。HRMS C$_{21}$H$_{21}$N$_6$[M+H]$^+$的理论值为357.18221，实测数据为357.18284。

5.3.4.3　化合物38c的合成方法

白色固体，收率66%。^{1}H NMR（400MHz，CDCl$_3$）：δ 8.13（s，1H），7.81（d，$J=6.8$Hz，1H），7.59（d，$J=7.4$Hz，1H），7.42~7.56（m，2H），7.36（d，$J=7.7$Hz，1H），7.19~7.29（m，2H），6.57（s，1H），1.63（s，9H）。^{13}C NMR（100MHz，CDCl$_3$）：δ 160.4，155.9，143.6，129.7，128.9，126.9，123.7，122.7，122.2，119.0，111.9，109.6，63.9，54.5，28.3。HRMS C$_{19}$H$_{19}$N$_6$[M+H]$^+$的理论值为331.16663，实测数据为331.16711。

5.3.4.4 化合物 38d 的合成方法

白色固体，收率 61%。^{1}H NMR（400MHz，DMSO-d_6）：δ 7.87（d，$J=7.4$Hz，1H），7.74（d，$J=7.5$Hz，1H），7.56（dd，$J=9.7$，3.9Hz，1H），7.48（d，$J=6.1$Hz，2H），7.37（d，$J=7.5$Hz，1H），7.15~7.32（m，3H），7.07（s，1H），6.76（d，$J=8.0$Hz，1H），6.70（d，$J=7.1$Hz，1H），6.50（t，$J=7.3$Hz，1H）。^{13}C NMR（100MHz，DMSO-d_6）：δ 157.3，152.8，147.9，144.8，144.2，132.3，132.1，130.7，130.3，128.3，127.7，125.1，123.5，122.9，122.0，120.4，117.1，116.5，110.9，52.6。HRMS $C_{21}H_{16}N_6$[M+H]$^+$的理论值为 366.14625，实测数据为 366.14743。

5.4 化合物 52 合成方法

在 5mL 的微波反应器中将 0.5mmol 醛溶于 1mL 甲醇，加入 0.5mmol 炔丙胺，室温搅拌反应 10min，然后分别加入 0.5mmol 酸和 0.5mmol 异腈，室温下搅拌反应。TLC 检测反应。反应完成后除去溶剂，残留物溶于 50% HCl/AcOH（1.5mL），置于微波反应器中 120℃ 反应 10min。反应完成后冷却至室温，减压除去溶剂，残留物溶于 15mL 乙酸乙酯，分别用饱和碳酸氢钠和饱和食盐水各洗一次，有机相用无水硫酸镁干燥后浓缩，用乙酸乙酯/正己烷（0~40%）梯度洗脱分离得到目标化合物 52。

5.4.1 化合物 52a 的合成方法

黄色固体，收率 75%。^{1}H NMR（400MHz，CDCl$_3$）：δ 8.30（dd，$J=7.9$，1.7Hz，2H），7.40~7.45（m，3H），7.34（dd，$J=8.6$，5.6Hz，3H），7.29（d，$J=$

7. 0Hz, 1H), 7. 23(d, $J = 7.1$ Hz, 2H), 5. 37(s, 2H), 2. 32(s, 3H)。^{13}
C NMR(100MHz, CDCl$_3$): δ 156. 20, 150. 48, 137. 15, 136. 39, 135. 24,
129. 52, 128. 98, 128. 76, 128. 0, 127. 83, 126. 85, 123. 53, 47. 62,
17. 21。HRMS(ESI)C$_{18}$H$_{17}$N$_2$O$^+$[M+H]$^+$的理论值为 277. 14537, 实测数据
为 277. 20512。

5.4.2　化合物 52b 的合成方法

　　黄色固体, 收率 71%。^{1}H NMR(400MHz,
CDCl$_3$): δ 7. 65(d, $J = 8.0$ Hz, 1H), 7. 46(dd, $J =$
7. 6, 1. 7Hz, 1H), 7. 40(d, $J = 7.4$ Hz, 1H), 7. 30 ~
7. 38(m, 4H), 7. 26 ~ 7. 30(m, 3H), 5. 36(s, 2H), 2. 33(s, 3H)。^{13}C
NMR(100MHz, CDCl$_3$): δ 154. 54, 152. 79, 137. 54, 136. 94, 134. 11,
131. 85, 129. 81, 129. 18, 127. 98, 126. 92, 126. 28, 126. 06, 122. 10,
121. 72, 46. 62, 16. 20。HRMS(ESI)C$_{18}$H$_{16}$BrN$_2$O$^+$[M+H]$^+$的理论值为
355. 08741, 实测数据为 355. 04702。

5.4.3　化合物 52c 的合成方法

　　黄色固体, 收率 71%。^{1}H NMR(400MHz,
CDCl$_3$): δ 8. 25(d, $J = 8.6$ Hz, 2H), 7. 32(d,
$J = 8.6$ Hz, 2H), 7. 24 ~ 7. 29(m, 4H), 7. 15(d,
$J = 7.3$ Hz, 2H), 5. 29(s, 2H), 2. 26(s, 3H)。^{13}C NMR(100MHz,
CDCl$_3$): δ 155. 04, 148. 02, 136. 59, 134. 57, 134. 02, 133. 77, 131. 75,
129. 11, 128. 01, 127. 90, 127. 16, 126. 89, 125. 78, 122. 58, 46. 67,
16. 25。HRMS(ESI)C$_{18}$H$_{16}$ClN$_2$O$^+$[M+H]$^+$的理论值为 311. 08291, 实测数
据为 311. 06754。

5.4.4　化合物 52d 的合成方法

　　黄色固体, 收率 74%。^{1}H NMR(400MHz,
CDCl$_3$): δ 8. 26(d, $J = 8.7$ Hz, 2H), 7. 55(d,
$J = 8.7$ Hz, 2H), 7. 31(dd, $J = 10.6$, 6. 0Hz,

4H），7.22（d，$J=7.1$Hz，2H），5.36（s，2H），2.32（s，3H）。^{13}C NMR（100MHz，CDCl$_3$）：δ 156.02，149.05，137.68，135.24，135.03，131.14，130.37，129.02，127.90，126.80，124.07，123.62，47.68，17.27。HRMS（ESI）C$_{18}$H$_{16}$BrN$_2$O$^+$[M+H]$^+$的理论值为355.06246，实测数据为355.06018。

5.4.5 化合物 52e 的合成方法

黄色固体，收率71%。^{1}H NMR（400MHz，CDCl$_3$）：δ 8.46（t，$J=1.6$Hz，1H），8.25（d，$J=7.9$Hz，1H），7.46（m，1H），7.24（m，5H），7.15（d，$J=7.0$Hz，2H），5.30（s，2H），2.26（s，3H）。^{13}C NMR（100MHz，CDCl$_3$）：δ 154.96，147.61，137.27，137.01，133.96，131.37，130.58，128.47，128.03，126.91，126.31，125.77，122.61，121.23，46.69，16.27。HRMS（ESI）C$_{18}$H$_{16}$BrN$_2$O$^+$[M+H]$^+$的理论值为355.03267，实测数据为355.02976。

5.4.6 化合物 52f 的合成方法

黄色固体，收率72%。^{1}H NMR（400MHz，CDCl$_3$）：δ 8.50～8.65（m，2H），8.18～8.35（m，2H），7.35（d，$J=5.0$Hz，1H），7.32（d，$J=7.3$Hz，2H），7.27～7.30（m，1H），7.19～7.24（m，2H），4.18～4.37（m，2H），2.98～3.17（m，2H），2.19（s，3H）。^{13}C NMR（100MHz，CDCl$_3$）：δ 155.64，148.03，146.97，142.33，139.09，137.57，129.44，128.94，128.83，127.17，124.02，123.13，47.08，33.78，17.07。HRMS（ESI）C$_{19}$H$_{18}$N$_3$O$_3^+$[M+H]$^+$的理论值为336.10284，实测数据为336.09891。

5.4.7 化合物 52g 的合成方法

淡黄色固体，收率70%。^{1}H NMR（400MHz，CDCl$_3$）：δ 8.59（d，$J=8.8$Hz，2H），8.26（d，$J=8.8$Hz，2H），7.44（s，1H），7.29～7.40（m，

3H），7.23（d，J = 7.1Hz，2H），5.39（s，2H），2.38（s，3H）。^{13}C NMR（100MHz，CDCl$_3$）：δ 155.98，148.07，147.32，142.29，139.44，134.68，129.50，129.10，128.07，126.80，124.11，123.10，47.86，17.43。HRMS(ESI) C$_{18}$H$_{16}$N$_3$O$_3^+$［M+H］$^+$的理论值为 322.12653，实测数据为 322.13261。

5.4.8　化合物 52h 的合成方法

黄色固体，收率 76%。^{1}H NMR(400MHz，CDCl$_3$)：δ 8.58（d，J = 1.9Hz，1H），8.29（dd，J = 8.5，2.0Hz，1H），7.48（d，J = 8.5Hz，1H），7.27~7.38（m，4H），7.21（d，J = 7.3Hz，2H），5.36（s，2H），2.34（s，3H）。^{13}C NMR（100MHz，CDCl$_3$）：δ 155.89，147.40，138.32，136.21，134.86，133.51，132.24，130.56，129.87，129.06，127.96，126.75，123.67，47.73，17.31。HRMS(ESI) C$_{18}$H$_{15}$Cl$_2$N$_2$O$^+$［M+H］$^+$的理论值为 345.04291，实测数据为 345.04732。

5.4.9　化合物 52i 的合成方法

黄色固体，收率 69%。^{1}H NMR(400MHz，CDCl$_3$)：δ 8.35（d，J = 8.9Hz，2H），7.27~7.36（m，4H），7.22（d，J = 7.2Hz，2H），6.95（d，J = 8.9Hz，2H），5.36（s，2H），3.86（s，3H），2.30（s，3H）。^{13}C NMR（100MHz，CDCl$_3$）：δ 160.83，156.23，149.99，136.14，135.36，130.41，129.18，128.97，127.78，126.81，123.41，113.41，55.34，47.56，17.15。HRMS（ESI）C$_{19}$H$_{19}$N$_2$O$_2^+$［M+H］$^+$的理论值为 307.25398，实测数据为 307.30216。

5.4.10　化合物 52j 的合成方法

黄色固体，收率 78%。^{1}H NMR(400MHz，CDCl$_3$)：δ 8.40（s，1H），8.31（dd，J = 8.0，

1.4Hz，1H），7.62～7.73（m，1H），7.48（d，$J=8.4$Hz，1H），7.42（t，$J=7.6$Hz，1H），7.34（t，$J=7.2$Hz，3H），7.29（t，$J=5.1$Hz，1H），7.25（d，$J=6.7$Hz，2H），5.35（s，2H），2.32（s，3H）。^{13}C NMR（100MHz，CDCl$_3$）：δ 175.14，156.25，155.99，147.30，138.36，135.01，133.63，129.01，127.92，127.04，126.54，125.36，124.86，123.56，122.24，118.02，47.81，17.17。HRMS（ESI）$C_{21}H_{17}N_2O_3^+$［M+H］$^+$的理论值为345.12460，实测数据为345.10298。

5.4.11 化合物52k的合成方法

黄色固体，收率74%。^{1}H NMR（400MHz，CDCl$_3$）：δ 8.29（d，$J=8.2$Hz，2H），7.47（s，1H），7.27～7.32（m，2H），7.19～7.25（m，4H），2.39（s，3H），2.08（s，6H），1.89（s，3H）。^{13}C NMR（100MHz，CDCl$_3$）：δ 156.23，149.99，136.16，135.79，134.24，129.28，129.10，128.75，128.65，123.19，21.42，17.65，16.97。HRMS（ESI）$C_{20}H_{21}N_2O^+$［M+H］$^+$的理论值为305.15973，实测数据为305.16201。

5.4.12 化合物52l的合成方法

淡黄色固体，收率74%。^{1}H NMR（400MHz，CDCl$_3$）：δ 8.25（d，$J=8.6$Hz，2H），7.32（d，$J=8.6$Hz，2H），7.25（s，1H），4.89（tt，$J=12.2$，3.7Hz，1H），2.49（qd，$J=12.4$，3.3Hz，2H），2.26（s，3H），1.88（d，$J=13.2$Hz，2H），1.70～1.78（m，2H），1.34～1.47（m，2H），1.18～1.33（m，2H）。^{13}C NMR（100MHz，CDCl$_3$）：δ 155.04，147.98，136.59，134.02，133.73，129.11，128.01，122.26，66.22，33.75，28.50，27.47，16.07。HRMS（ESI）$C_{20}H_{21}N_2O^+$［M+H］$^+$的理论值为303.11973，实测数据为303.12079。

参 考 文 献

[1] Dömling A. Recent developments in isocyanide based multicomponent reactions in applied chemistry [J]. Chem. Rev. , 2006, 37 (18): 17~89.

[2] Váradi A, Palmer T C, Dardashti R N, et al. Isocyanide-based multicomponent reactions for the synthesis of heterocycles [J]. Molecules, 2016, 21 (1): 19~42.

[3] Khan M M, Yousuf R, Khan S. Recent advances in multicomponent reactions involving carbohydrates [J]. RSC Adv. , 2015, 5 (71): 57883~57905.

[4] Wessjohann L A, Rivera D G, Vercillo O E. Multiple multicomponent macrocyclizations (MiBs): a strategic development toward macrocycle diversity [J]. Chem. Rev. , 2009, 109 (2): 796~814.

[5] Shaaban1 S, Abdel-Wahab B F. Groebke-Blackburn-Bienaymé multicomponent reaction: emerging chemistry for drug discovery [J]. Mol. Divers. , 2016, 20 (1): 233~254.

[6] Ugi I, Steinbrückner C. Über ein neues Kondensations-Prinzip [J]. Angewandte Chemie. , 1960, 72 (1): 267~268.

[7] Ugi I, Meyr R, Fetzer U. Versuche Mit Isonitrilen [J]. Angew. Chem. , 1959, 71 (1): 386~387.

[8] Ugi I. Neuere methoden der praparativen organischen chemie. 4. mit sekundar-reaktionen gekoppelte alpha-additionen von immonium-ionen und anionen an isonitrile [J]. Angew. Chem. Int. Ed. , 1962, 1 (1): 9~22.

[9] Vitaku E, Smith D T, Njardarson J T. Analysis of the structural diversity, substitution patterns, and frequency of nitrogen heterocycles among U. S. FDA approved pharmaceuticals [J]. J. Med. Chem. , 2014, 57 (24): 10257~10274.

[10] Boger D L. Diels-Alder reactions of heterocyclic aza dienes. Scope and applications [J]. Chem. Rev. , 1986, 99 (9): 781~793.

[11] Sweeney J B. Aziridines: epoxides' ugly cousins? [J]. Chem. Soc. Rev. , 2002, 31 (5): 247~258.

[12] Wenker H. The preparation of ethylene imine from monoethanolamine[J]. J. Am. Chem. Soc. , 1935, 57 (2): 2328~2329.

[13] Leighton P A, Perkins W A, Renquist M L. A modification of Wenker's method of preparing ethyleneimine [J]. J. Am. Chem. Soc. , 1947, 69 (6): 1540~1541.

[14] Kashelikar D V, Fanta P E. Chemistry of ethylenimine. Ⅶ. cycloöctenimine or 9-azabicyclo

[6.1.0] nonane [J]. J. Am. Chem. Soc., 1960, 82 (18): 4927~4930.

[15] Farras J, Ginesta X, Sutton P W, et al. β^3-Amino acids by nucleophilic ring-opening of N-nosyl aziridines [J]. Tetrahedron, 2001, 57 (36): 7665~7674.

[16] Pulipaka A B, Bergmeier S C. A synthesis of 6-azabicyclo [3.2.1] octanes. the role of Nsubstitution [J]. J. Org. Chem., 2008, 73 (4): 1462~1467.

[17] Cramer S A, Jenkins D M. Synthesis of aziridines from alkenes and aryl azides with a reusable macrocyclic tetracarbene iron catalyst [J]. J. Am. Chem. Soc., 2011, 133: 19342~19345.

[18] Jung N, Bräse S. New catalysts for the transition-metal-catalyzed synthesis of aziridines [J]. Angew. Chem. Int. Ed., 2012, 51 (23): 2~5.

[19] Jin L M, Xu X, Lu H J, et al. Effective synthesis of chiral N-fluoroaryl aziridines through enantioselective aziridination of alkenes with fluoroaryl azides [J]. Angew. Chem. Int. Ed., 2013, 52 (20): 1~6.

[20] Scholz S O, Farney E P, Kim S, et al. Spin-selective generation of triplet nitrenes: olefin aziridination through visible-light photosensitization of azidoformates [J]. Angew. Chem. Int. Ed., 2016, 55 (6): 2239~2242.

[21] Yu W L, Chen J Q, Wei Y L, et al. Alkene functionalization for the stereospecific synthesis of substituted aziridines by visible-light photoredox catalysis [J]. Chem. Commun., 2018, 54 (16): 1948~1951.

[22] Branco P S, Raje V P, Dourado J, et al. Catalyst-free aziridination and unexpected homologation of aziridines from imines [J]. Org. Biomol. Chem., 2010, 8 (13): 2968~2974.

[23] Moragas T, Churcher I, Lewis W, et al. Asymmetric synthesis of trisubstituted aziridines via aza-darzens reaction of chiral sulfinimines [J]. Org. Lett., 2015, 46 (12): 6290~6293.

[24] Andreani A, Granaiolo M, Leoni A, et al. Synthesis and antitumor activity of 1,5,6-substituted E-3-(2-chloro-3-indolylmethylene)-1,3-dihydroindol-2-ones [J]. J. Med. Chem., 2002, 45 (12): 2666~2669.

[25] Fong A T T, Shawver L K, Sun L, et al. SU5416 is a potent and selective inhibitor of the vascular endothelial growth factor receptor(Flk-1/KDR) that inhibits tyrosine kinase catalysis, tumor vascularization, and growth of multiple tumor types [J]. Cancer Res., 1999, 59 (1): 99~106.

［26］ Laird A D, Vajkoczy P, Shawver L K, et al. SU6668 is a potent anti-angiogenic and anti-
tumor agent which induces regression of established tumors ［J］. Cancer Res. , 2000, 60
（15）: 4152~4212.

［27］ Andersen B, Smedsgaard J, Frisvad J C. Penicillium expansum: consistent production of
patulin, chaetoglobosins, and other secondary metabolites in culture and their natural oc-
currence in fruit products ［J］. J. Agric. Food Chem. , 2004, 52 （8）: 2421~2428.

［28］ Jadulco R, Edrada R A, Ebel R, et al. New communesin derivatives from the fungus peni-
cillium sp. derived from the mediterranean sponge axinella verrucosa ［J］. J. Nat. Prod. ,
2004, 67 （1）: 78~81.

［29］ Wu H, Xue F, Xiao X, et al. Total synthesis of（+）-perophoramidine and determination
of the absolute configuration ［J］. J. Am. Chem. Soc. , 2010, 132 （40）: 14052~
14054.

［30］ Zuo Z W, Xie W Q, Ma D W. Total synthesis and absolute stereochemical assignment of
（-）-communesin F ［J］. J. Am. Chem. Soc. , 2010, 132 （38）: 13226~13228.

［31］ Kumar A, Vachhani D D, Modha S G, et al. Gold （Ⅰ）-catalyzed post-Ugi hydroaryla-
tion: an approach to pyrrolopyridines and azepinoindoles ［J］. Eur. J. Org. Chem. , 2013,
44 （38）: 2288~2292.

［32］ Kumar A, Vachhani D D, Modha S G, et al. Post Ugi gold （Ⅰ）-and platinum （Ⅱ）-
catalyzed alkyne activation: synthesis of diversely substituted fused azepinones and pyridi-
nones ［J］. Synthesis, 2013, 45 （27）: 2571~2582.

［33］ Kumar A, Li Z H, Sharma S K, et al. Switching the regioselectivity via indium （Ⅲ）and
gold （Ⅰ）catalysis: a post-Ugi intramolecular hydroarylation to azepino- and azocino-［c,
d］ indolones ［J］. Chem. Commun. , 2013, 49 （55）: 6803~6806.

［34］ Kalinski C, Umkehrer M, Schmidt J, et al. A novel one-pot synthesis of highly diverse in-
dole scaffolds by the Ugi/Heck reaction［J］. Tetrahedron Lett. , 2006, 47（42）: 4683~
4686.

［35］ Modha S G, Kumar A, Vachhani D D, et al. A diversity-oriented approach to spiroindo-
lines: post-Ugi gold catalyzed diastereoselective domino cyclization ［J］. Angew. Chem. Int. Ed. ,
2012, 124 （38）: 9572~9575.

［36］ Schröder F, Ojeda M, Erdmann N, et al. Supported gold nanoparticles as efficient and re-
usable heterogeneous catalyst for cycloisomerization reactions ［J］. Green Chem. , 2015,
46 （42）: 3314~3318.

[37] Kaïm L E, Grimaud L, Le G X F, et al. Straightforward four-component access to spiroindolines [J]. Chem. Commun. , 2011, 42 (48): 8145~8147.

[38] Umkehrer M, Kalinski C, Kolb J, et al. A new and versatile one-pot synthesis of indol-2-ones by a novel Ugi-four-component-Heck reaction [J]. Tetrahedron Lett. , 2006, 47 (14): 2391~2393.

[39] Dai W M, Shi J Y, Wu J L. Synthesis of 3-arylideneindolin-2-ones from 2-aminophenols by Ugi four-component reaction and heck carbocyclization[J]. Synlett, 2008, 17:2716~2720.

[40] Kalinski C, Umkehrer M, Ross G, et al. Highly substituted indol-2-ones, quinoxalin-2-ones and benzodiazepin-2,5-diones via a new Ugi (4CR)-Pd assisted N-aryl amidation strategy [J]. Tetrahedron Lett. , 2006, 47 (14): 3423~3426.

[41] Bonnaterre F, Bois-Choussy M, Zhu J P. Rapid access to oxindoles by the combined use of an Ugi four-component reaction and a microwave-assisted intramolecular Buchwald-hartwig amidation reaction [J]. Org. Lett. , 2006, 8 (19): 4351~4354.

[42] Miranda L D, Hernández-Vázquez E. Multicomponent/palladium-catalyzed cascade entries to benzopyrrolizidine derivatives: synthesis and antioxidant evaluation [J]. J. Org. Chem. , 2015, 80 (21): 10611~10634.

[43] Rentería-Gómez A, Islas-Jácome A, Díaz-Cervantes E, et al. Synthesis of azepino [4, 5-b] indol-4-ones via MCR/free radical cyclization and in vitro-in silico studies as 5-Ht6R ligands[J]. Bioorg. Med. Chem. Lett. , 2016, 26 (9): 2333~2338.

[44] Jiang B, Yang C G, Wang J. Enantioselective synthesis for the(−)-antipode of the pyrazinone marine alkaloid, hamacanthin A [J]. J. Org. Chem. , 2001, 66 (123): 4865~4869.

[45] Alen J, Dobrzańska L, De Borggraeve W M, et al. Synthesis of 2 (1H)-pyrazinone phosphonates via an arbuzov-type reaction [J]. J. Org. Chem. , 2007, 72 (33): 1055~1057.

[46] Chen J J, Qian W Y, Biswas K, et al. Discovery of dihydroquinoxalinone acetamides containing bicyclic amines as potent Bradykinin B1 receptor antagonists[J]. Bioorg. Med. Chem. Lett. , 2008, 18 (16): 4477~4481.

[47] Gunasekera S P, McCarthy P J, Kelly-Borges M. Hamacanthin A and B, new antifungal bis-indole alkaloids from the marine sponge Hamacantha sp [J]. J. Nat. Prod. , 1994, 57 (10): 1437~1441.

［48］ Reginato G, Catalani M P, Pezzati B, et al. Stereoselective synthesis of 3-substituted tet-rahydropyrazinoisoquinolines via intramolecular cyclization of enantiomerically enriched di-hydro-2H-pyrazines ［J］. Org. Lett. , 2015, 17 (3): 398~401.

［49］ Thétiot-Laurent S A, Boissier J, Robert A, et al. Schistosomiasis chemotherapy ［J］. An-gew. Chem. Int. Ed. , 2013, 52 (31): 7936~7956.

［50］ Miller J F, Chong P Y, Shotwell J B, et al. Hepatitis C replication inhibitors that target the viral NS4B protein ［J］. J. Med. Chem. , 2014, 57 (5): 2107~2120.

［51］ Peng H, Carrico D, Thai V, et al. Synthesis and evaluation of potent, highly-selective, 3-aryl-piperazinone inhibitors of protein geranylgeranyltransferase-I ［J］. Org. Biomol. Chem. , 2006, 4 (9): 1768~1784.

［52］ Marcaccini S, Pepino R, Pozo M C. A facile synthesis of 2,5- diketopiperazines based on isocyanide chemistry ［J］. Tetrahedron Lett. , 2001,42 (14): 2727~2728.

［53］ Kennedy A L, Fryer A M, Josey J A. A new resin-bound universal isonitrile for the Ugi 4CC reaction: preparation and applications to the synthesis of 2,5-diketopiperazines and 1, 4-benzodiazepine-2,5-diones ［J］. Org. Lett. , 2002, 4 (7): 1167~1170.

［54］ Faggi C, Garcia-Valverde M, Marcaccini S, et al. Studies on isocyanides and related com-pounds: a facile synthesis of 1,6-dihydro-6 oxopyrazine-2-carboxylic acid derivatives via Ugi four-component condensation ［J］. Synthesis, 2003, 10: 1553~1557.

［55］ García-González M C, Hernández-Vázquez E, Gordillo-Cruz R E, et al. Ugi-derived de-hydroalanines as a pivotal template in the diversity oriented synthesis of aza-polyheterocycles ［J］. Chem. Commun. , 2015, 51 (58): 11669~11672.

［56］ Icelo-Ávila E, Amador-Sánchez Y A, Polindara-García L A, et al. Synthesis of 6-methyl-3,4-dihydropyrazinones using an Ugi 4-CR/allenamide cycloisomerization protocol ［J］. Org. Biomol. Chem. , 2017, 15 (2): 360~372.

［57］ Tu Z, Xu J, Jones L A, et al. Fluorine-18-labeled benzamide analogues for imaging the σ_2 receptor status of solid tumors with positron emission tomography ［J］. J. Med. Chem. , 2007, 50 (14): 3194~3204.

［58］ Ghandi M, Sherafat F, Sadeghzadeh M, et al. One-pot synthesis and sigma receptor binding studies of novel spirocyclic-2,6-diketopiperazine derivatives［J］. Bioorg. Med. Chem. Lett. , 2016, 26 (11): 2676~2679.

［59］ Stanković S, D'hooghe M, Catak S, et al. Regioselectivity in the ring opening of non-acti-vated aziridines ［J］. Chem. Soc. Rev. , 2012, 41 (2): 643~665.

[60] Huang C Y, Doyle A G. The chemistry of transition metals with three-membered ring heterocycles [J]. Chem. Rev. , 2014, 114: 8153~8198.

[61] Ohno H. Synthesis and applications of vinylaziridines and ethynylaziridines [J]. Chem. Rev. , 2014, 114 (16): 7784~7814.

[62] Schneider C. Catalytic, enantioselective ring opening of aziridines [J]. Angew. Chem. Int. Ed. , 2009, 48 (12): 2082~2084.

[63] Li Y, Lei J, Chen Z Z, et al. Microwave-assisted construction of pyrrolopyridinone ring systems by using an Ugi/indole cyclization reaction [J]. Eur. J. Org. Chem. , 2016 (34): 5770~5776.

[64] Chen Z Z, Zhang J, Tang D Y, et al. Synthesis of fused benzimidazole-quinoxalinones via UDC strategy and following the intermolecular nucleophilic substitution reaction [J]. Tetrahedron Lett. , 2014, 55 (16): 2742~2744.

[65] Xu J, Li Y, Meng J P, et al. Efficient microwave-assisted synthesis of fused benzoxazepine-isoquinoline derivatives via an Ugi reaction/tautomerization/intramolecular SNAr reaction sequence [J]. Tetrahedron Lett. , 2017, 58 (19): 1640~1643.

[66] Xu Z Z, Shaw A Y, Nichol Gary, et al. Applications of ortho-phenylisonitrile and ortho-N-Boc aniline for the two-step preparation of novel bis-heterocyclic chemotypes [J]. Mol. Divers. , 2012, 16 (3): 607~612.

[67] Alcaide B, Almendros P, Alonso J M. A practical ruthenium-catalyzed cleavage of the allyl protecting group in amides, lactams, imides, and congeners [J]. Chem. Eur. J. , 2006, 12 (10): 2874~2879.

[68] Alcaide B, Almendros P, Cabreroa G, et al. Direct organocatalytic synthesis of enantiopure succinimides from β-lactam aldehydes through ring expansion promoted by azolium salt precatalysts [J]. Chem. Commun. , 2007, 39 (45): 4788~4790.

[69] Alcaide B, Almendros P, Alonso J M. Synthesis of optically pure highly functionalized γ-lactams via 2-azetidinone-tethered iminophosphoranes [J]. J. Org. Chem. , 2004, 69 (3): 993~996.

[70] Alcaide B, Almendros P, Cabrero G, et al. Organocatalytic ring expansion of α-lactams to γ-lactams through a novel N1-C4 bond cleavage. direct synthesis of enantiopure succinimide derivatives [J]. Org. Lett. , 2005, 7 (18): 3981~3984.

[71] Alcaide B, Almendros P, Aragoncillo C, et al. Organocatalyzed three-component Ugi and Passerini reactions of 4-oxoazetidine-2-carbaldehydes and azetidine-2,3-diones. Application

to the synthesis of γ-lactams and γ-lactones [J]. J. Org. Chem. , 2013, 78 (20):
10154~10165.

[72] Borthwick A D, Liddle J, Davies D E, et al. Pyridyl-2,5 diketopiperazines as potent, se-
lective, and orally bioavailable oxytocin antagonists: synthesis, pharmacokinetics, and in
vivo potency [J]. J. Med. Chem. , 2012, 55 (2): 783~796.

[73] Gunawan S, Hulme C. Bifunctional building blocks in the Ugi-azide condensation reaction:
a general strategy toward exploration of new molecular diversity [J]. Org. Biomol. Chem. ,
2013, 11 (36): 6036~6039.

[74] Narhe B D, Tsai M, Sun C. Rapid two-step synthesis of benzimidazo [1, 2: 1, 5]
pyrrolo [2, 3-c] isoquinolines by a threecomponent coupling reaction [J]. ACS
Comb. Sci. , 2014, 16 (8): 421~427.

[75] Khoury K, Sinha M K, Nagashima T, et al. Efficient assembly of iminodicarboxamides by
a " truly " four-component reaction [J]. Angew. Chem. Int. Ed. , 2012, 51 (41):
10280~10283.

[76] Xu Z, Ayaz M, Cappelli A A, et al. General one-pot, two step protocol accessing a range
of novel polycyclic heterocycles with high skeletal diversity [J]. Acs. Comb. Sci. , 2015,
14 (8): 460~464.

[77] Wang W, Joyner S, Andrew K, et al. Domling A. (−)-Bacillamide C: the convergent
approach [J]. Org. Biomol. Chem. , 2010, 8 (16): 529~532.

[78] Pan S, List B. Catalytic three-component Ugi reaction [J]. Angew. Chem. Int. Ed. ,
2008, 47 (19): 3622~3625.

[79] Pawar V G, De Borggraeve W M. 3,5-dihalo-2 (1H)-pyrazinones: versatile scaffolds in
organic synthesis [J]. Synthesis, 2006, 17 (17): 2799~2814.

[80] Wei L L, Mulder J A, Xiong H, et al. Efficient preparations of novel ynamides and al-
lenamides [J]. Tetrahedron, 2001, 57 (3): 459~466.

[81] Montgomery T D, Nibbs A E, Zhu Y, et al. Rapid access to spirocyclized indolenines via
palladium-catalyzed cascade reactions of tryptamine derivatives and propargyl carbonate
[J]. Org. Lett. , 2014, 16 (13): 3480~3483.

[82] Thiverny M, Demory E, Baptiste B, et al. Inexpensive, multigram-scale preparation of an
enantiopure cyclic nitrone via resolution at the hydroxylamine stage [J]. Tetrahedron:
Asymmetry, 2011, 22 (12): 1266~1273.

[83] DeMong D, Dai X, Hwa J, et al. The discovery of N-((2H-tetrazol-5-yl) methyl)-4-

((R) 1-((5r, 8R)-8-(tertbutyl)-3-(3, 5 dichloroph- enyl)-2-oxo-1, 4 diazaspiro [4.5] dec-3-en-1-yl)-4, 4-dimethylpentyl) benzamide(SCH900822): a potent and selective glucagon receptor antagonist [J]. J. Med. Chem. , 2014, 57 (6): 2601~2610.

[84] DeMong D E, Ng I, Miller M W, et al. A novel method for the preparation of 4-arylimidazolones [J]. Org. Lett. , 2013, 15 (11): 2830~2833.

附　　录

附录 1　化合物 9a～9l 的核磁氢谱和碳谱

化合物 9a～9l 的核磁氢谱和碳谱如附图 1-1～附图 1-12 所示。

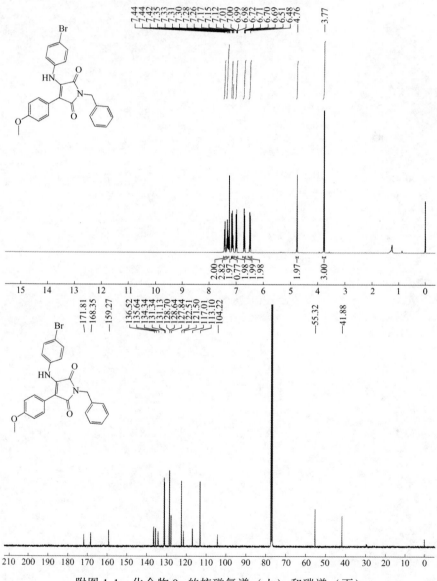

附图 1-1　化合物 9a 的核磁氢谱（上）和碳谱（下）

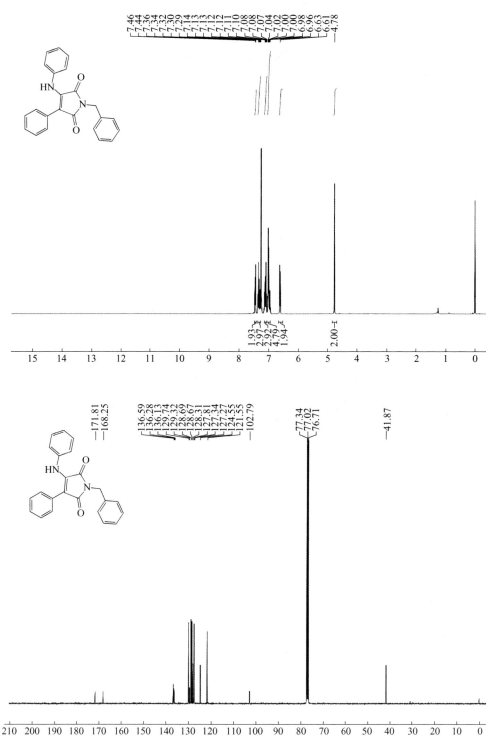

附图 1-2 化合物 9b 的核磁氢谱（上）和碳谱（下）

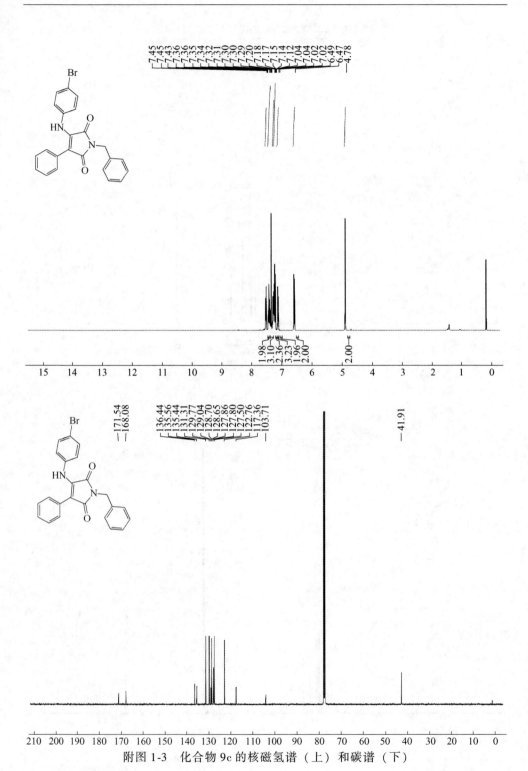

附图 1-3　化合物 9c 的核磁氢谱（上）和碳谱（下）

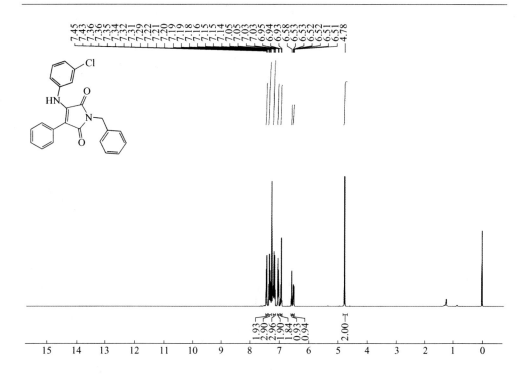

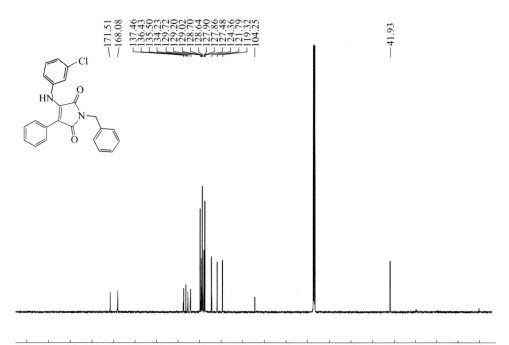

附图 1-4　化合物 9d 的核磁氢谱（上）和碳谱（下）

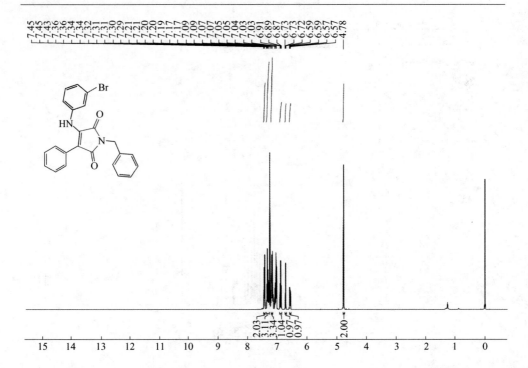

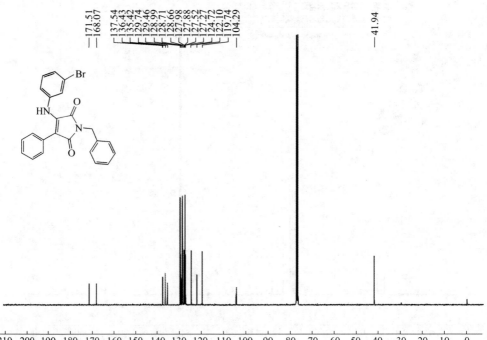

附图 1-5　化合物 9e 的核磁氢谱（上）和碳谱（下）

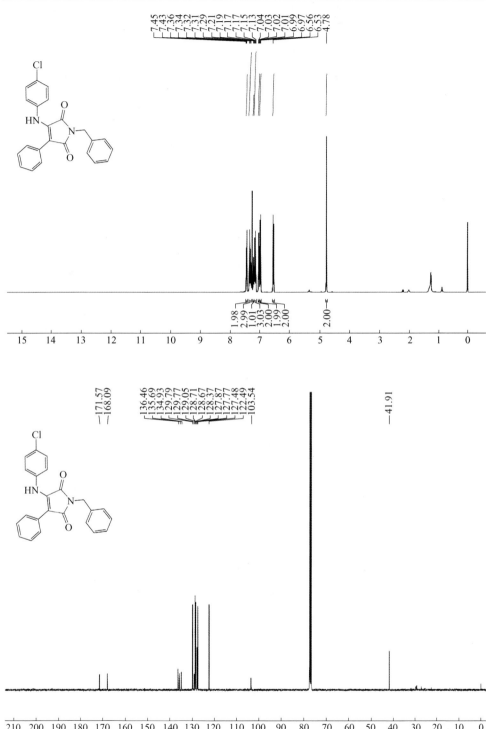

附图 1-6　化合物 9f 的核磁氢谱（上）和碳谱（下）

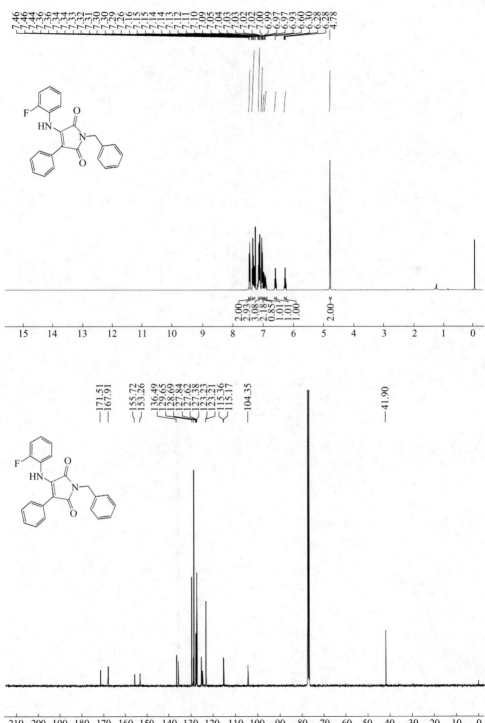

附图 1-7　化合物 9g 的核磁氢谱（上）和碳谱（下）

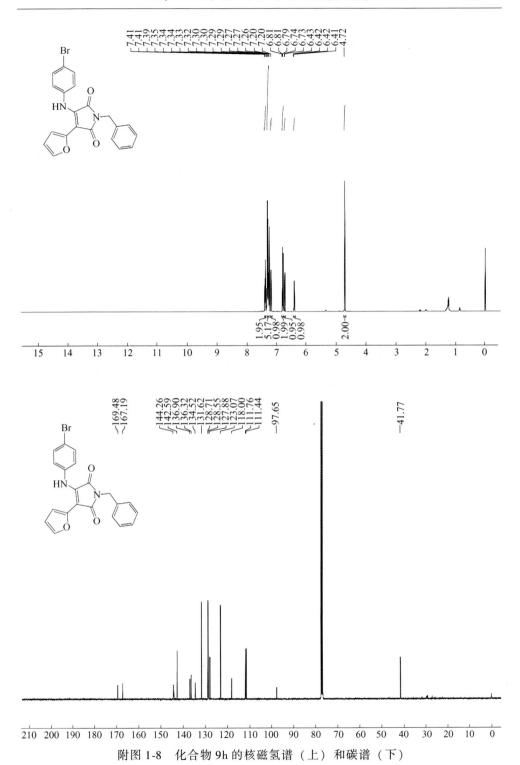

附图 1-8　化合物 9h 的核磁氢谱（上）和碳谱（下）

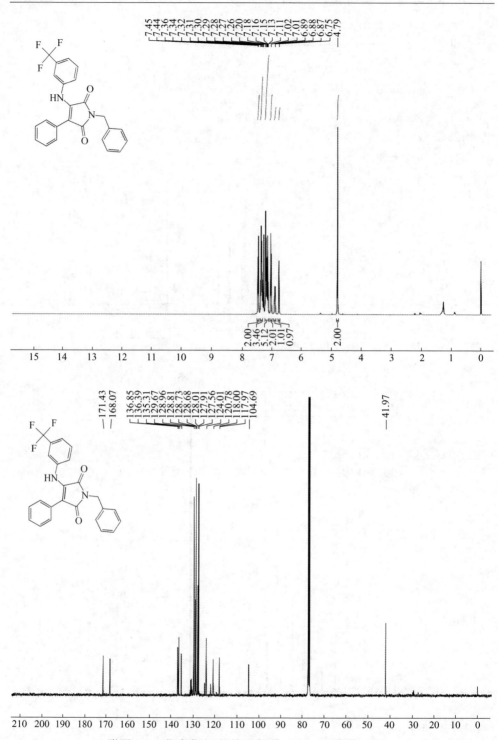

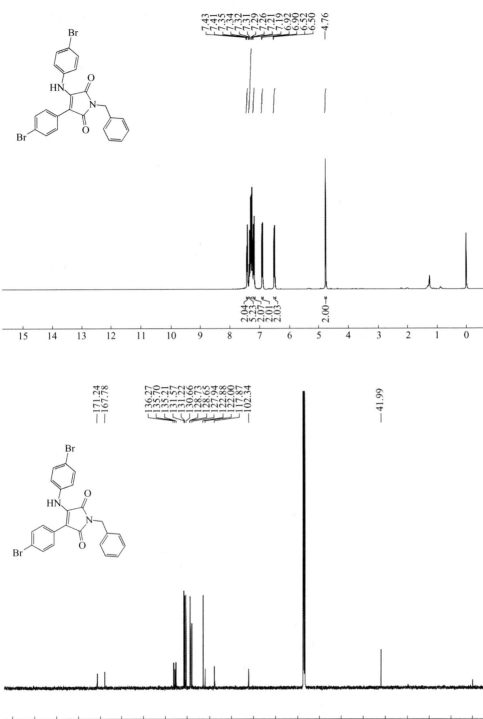

附图 1-10　化合物 9j 的核磁氢谱（上）和碳谱（下）

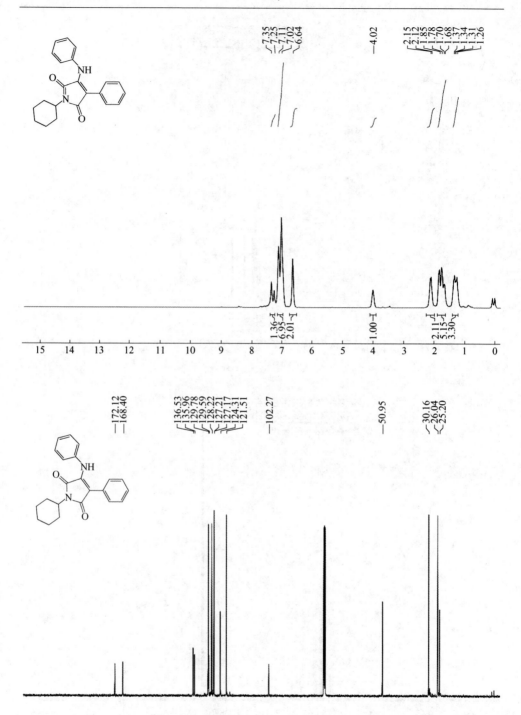

附图 1-11　化合物 9k 的核磁氢谱（上）和碳谱（下）

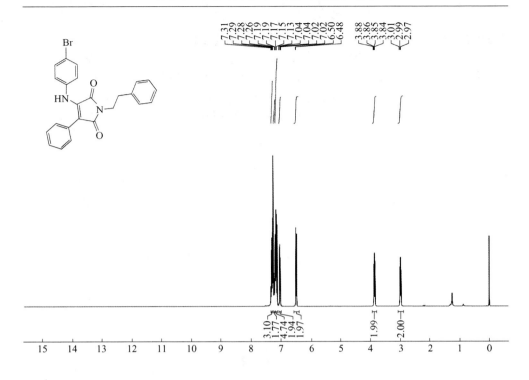

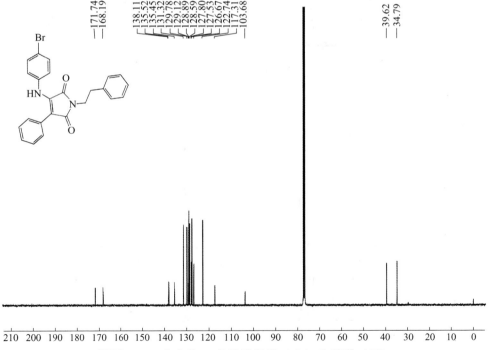

附图 1-12 化合物 9l 的核磁氢谱（上）和碳谱（下）

附录 2　化合物 10a~10k 的核磁氢谱和碳谱

化合物 10a~10k 的核磁氢谱和碳谱如附图 2-1~附图 2-11 所示。

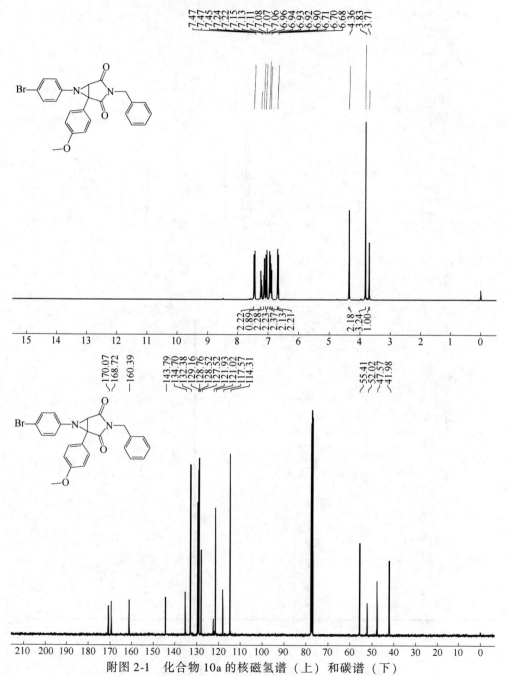

附图 2-1　化合物 10a 的核磁氢谱（上）和碳谱（下）

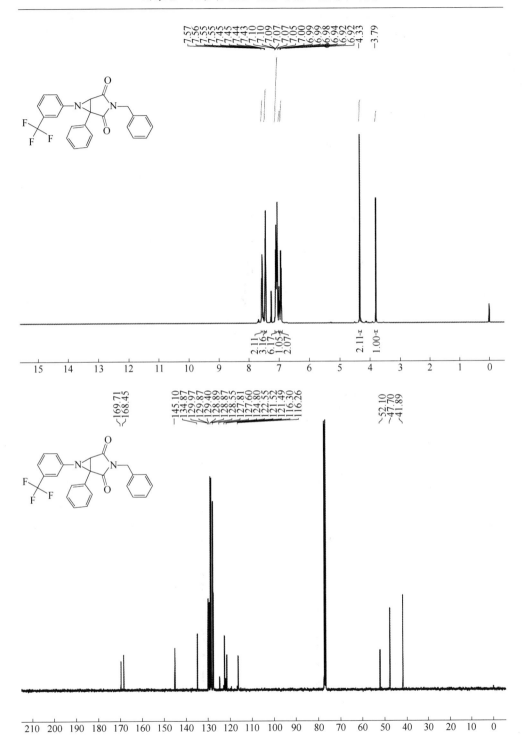

附图 2-2 化合物 10b 的核磁氢谱（上）和碳谱（下）

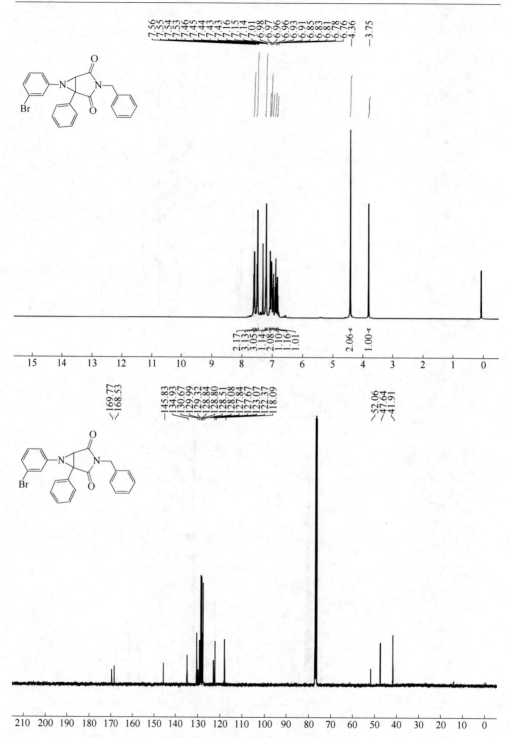

附图 2-3　化合物 10c 的核磁氢谱（上）和碳谱（下）

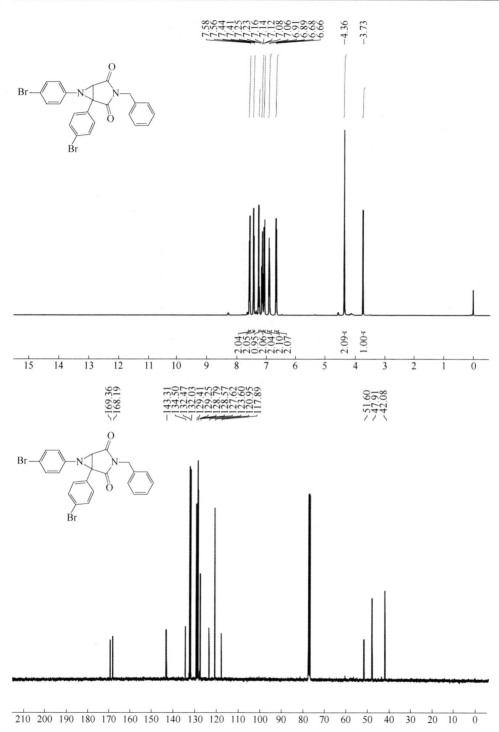

附图 2-4　化合物 10d 的核磁氢谱（上）和碳谱（下）

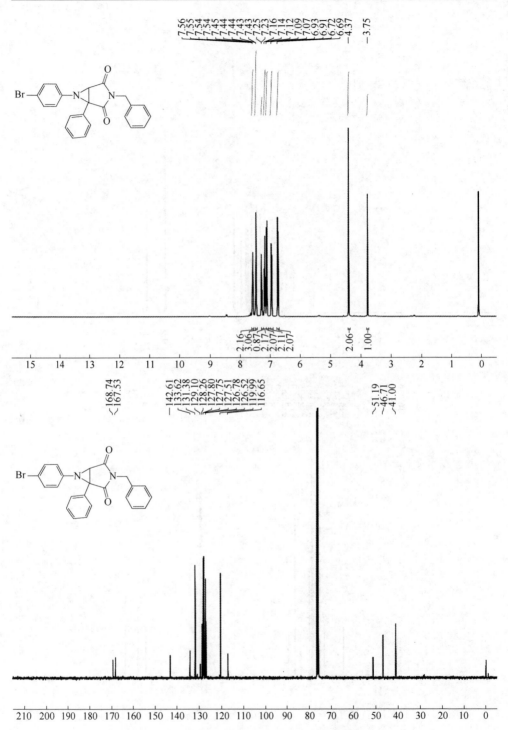

附图 2-5　化合物 10e 的核磁氢谱（上）和碳谱（下）

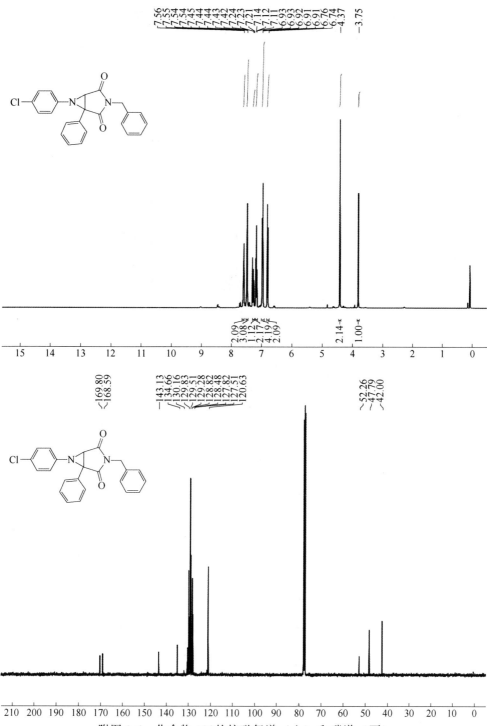

附图 2-6　化合物 10f 的核磁氢谱（上）和碳谱（下）

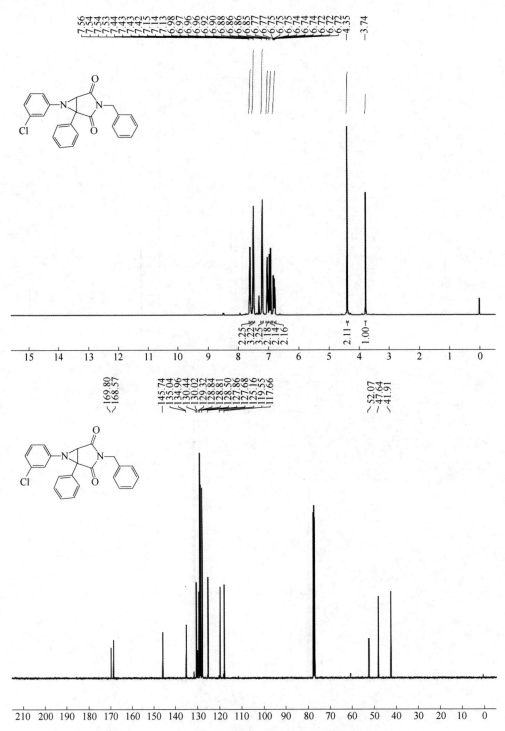

附图 2-7　化合物 10g 的核磁氢谱（上）和碳谱（下）

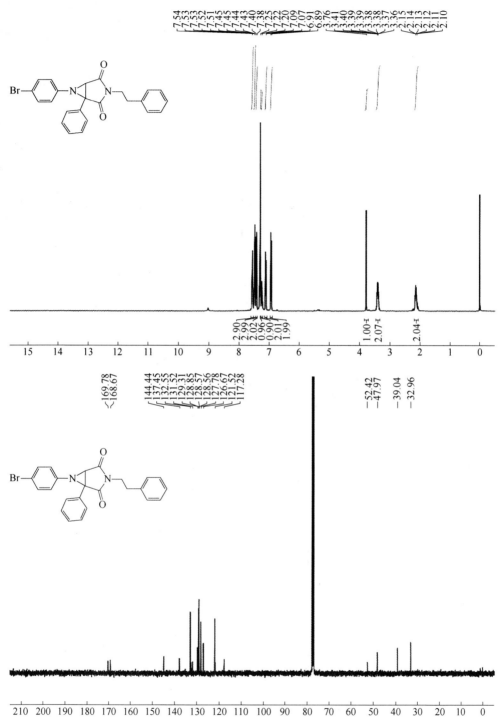

附图 2-8　化合物 10h 的核磁氢谱（上）和碳谱（下）

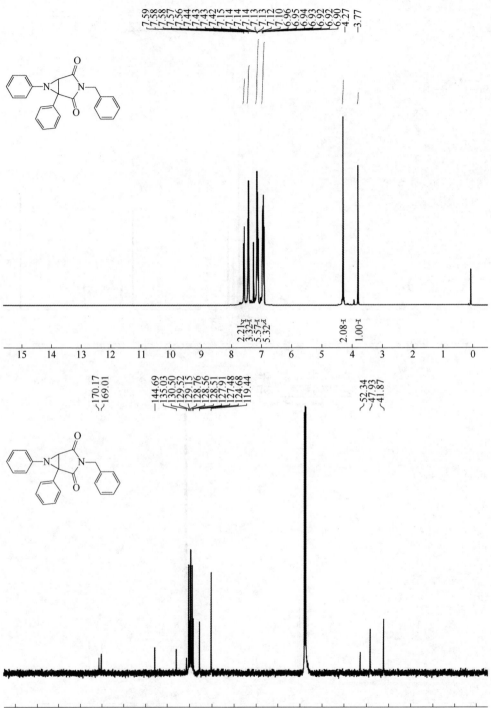

附图 2-9　化合物 10i 的核磁氢谱（上）和碳谱（下）

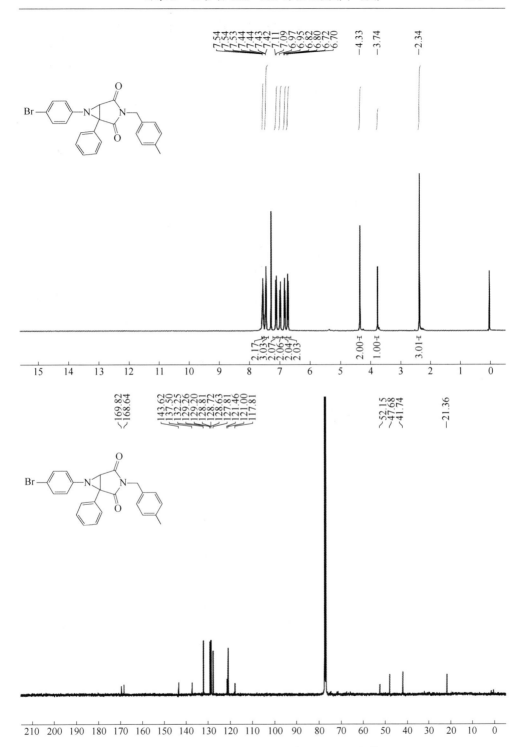

附图 2-10   化合物 10j 的核磁氢谱（上）和碳谱（下）

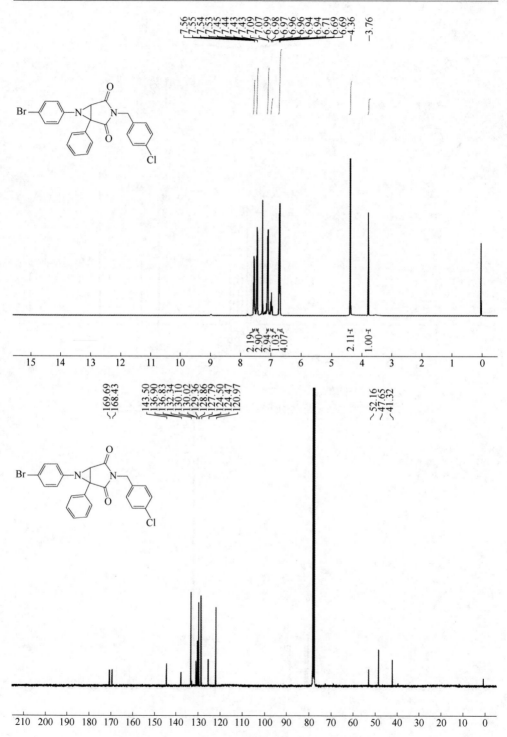

附图 2-11　化合物 10k 的核磁氢谱（上）和碳谱（下）

附录 3　化合物 11a~11i 的核磁氢谱和碳谱

化合物 11a~11i 的核磁氢谱和碳谱如附图 3-1~附图 3-9 所示。

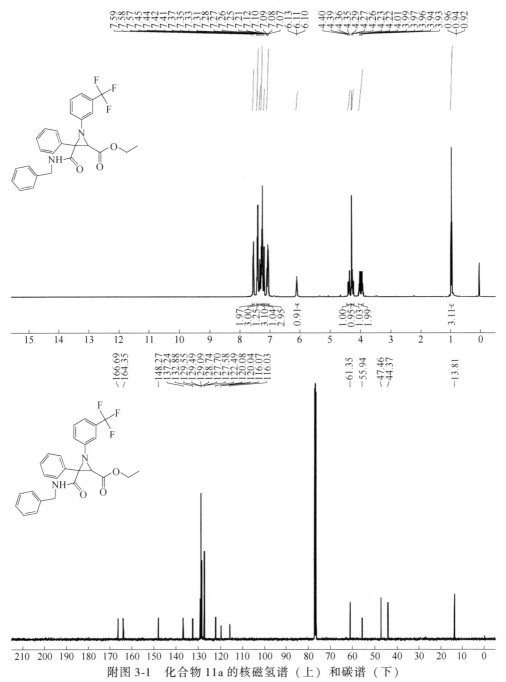

附图 3-1　化合物 11a 的核磁氢谱（上）和碳谱（下）

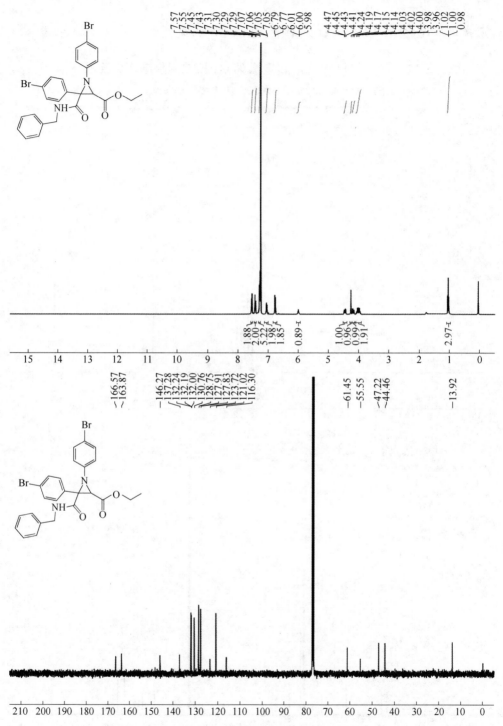

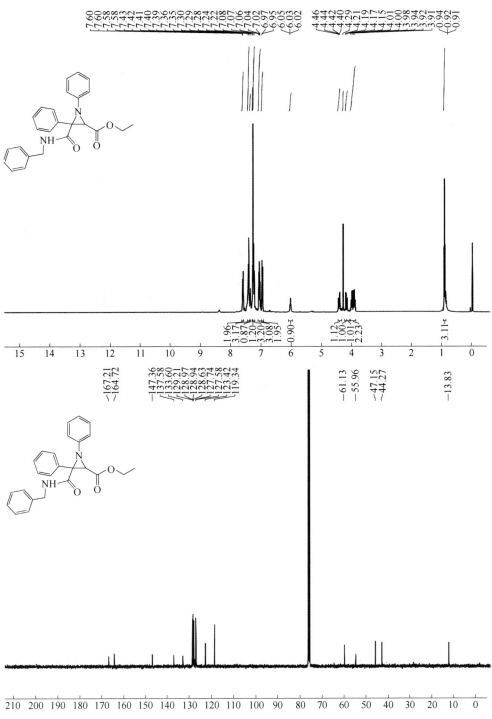

附图 3-3　化合物 11c 的核磁氢谱（上）和碳谱（下）

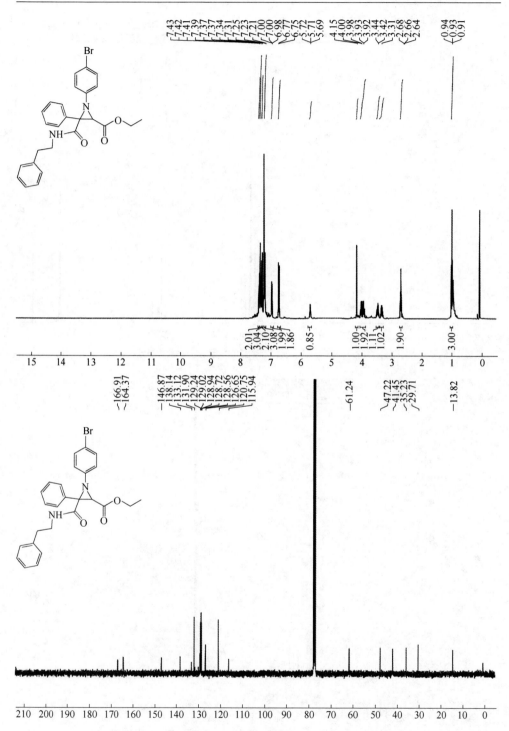

附图 3-4　化合物 11d 的核磁氢谱（上）和碳谱（下）

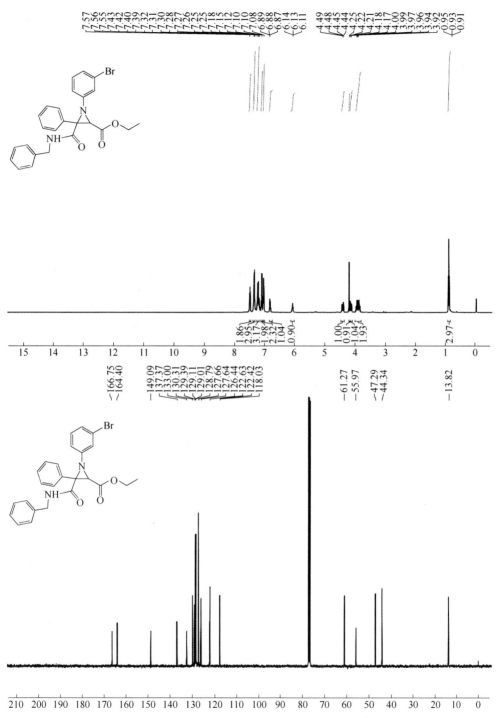

附图 3-5　化合物 11e 的核磁氢谱（上）和碳谱（下）

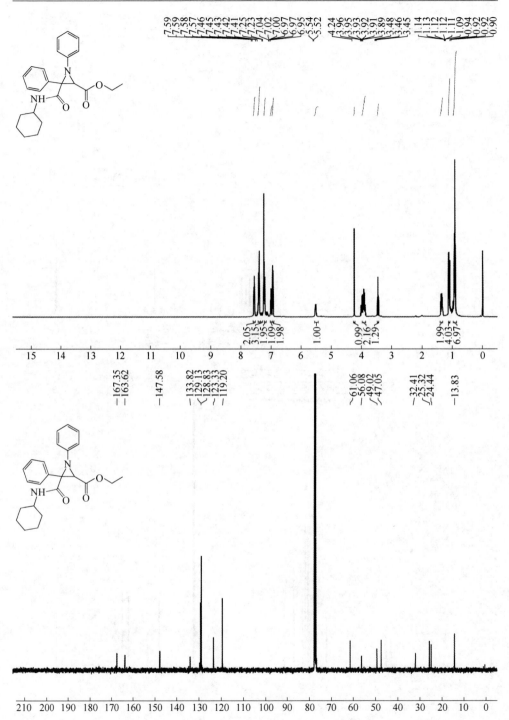

附图 3-6 化合物 11f 的核磁氢谱（上）和碳谱（下）

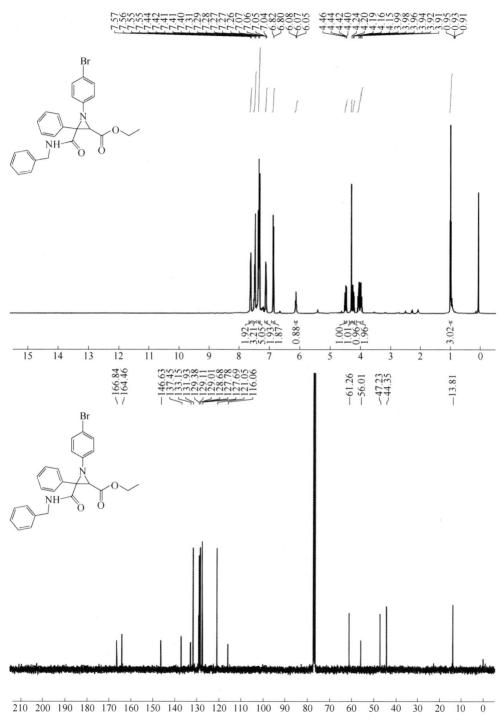

附图 3-7 化合物 11g 的核磁氢谱（上）和碳谱（下）

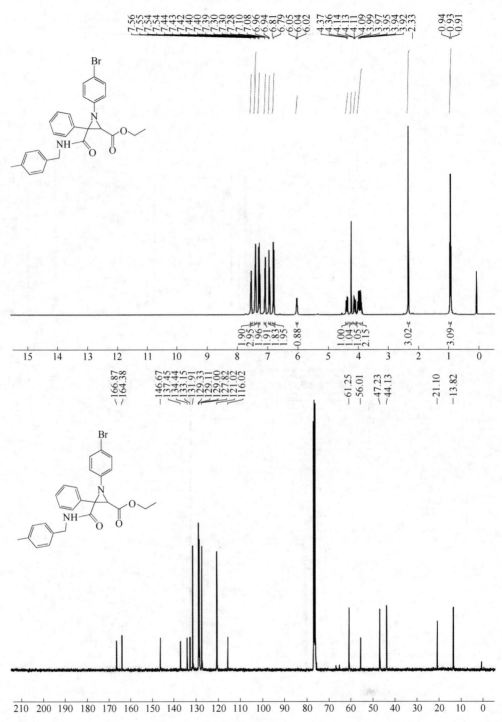

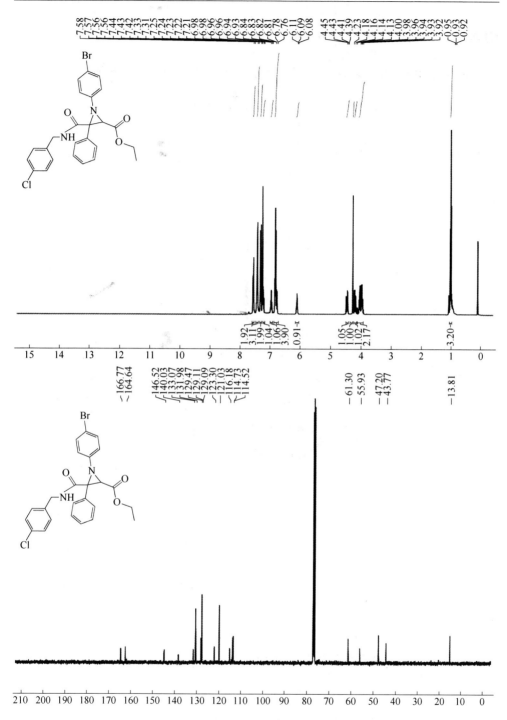

附图 3-9 化合物 11i 的核磁氢谱（上）和碳谱（下）

附录 4　化合物 20a~20p 的核磁氢谱和碳谱

化合物 20a~20p 的核磁氢谱和碳谱如附图 4-1~附图 4-16 所示。

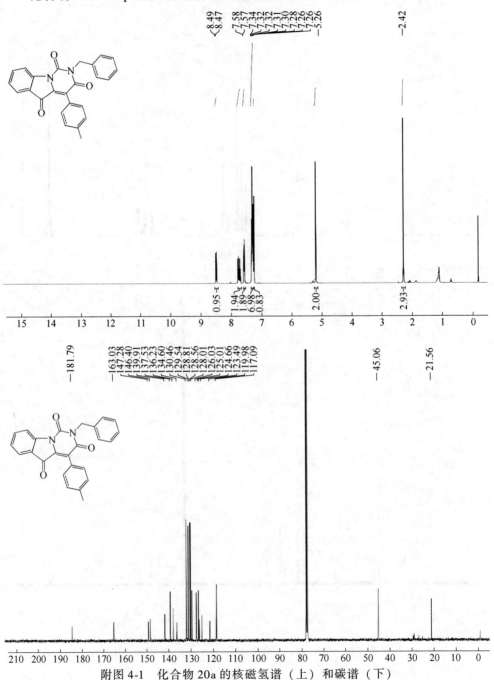

附图 4-1　化合物 20a 的核磁氢谱（上）和碳谱（下）

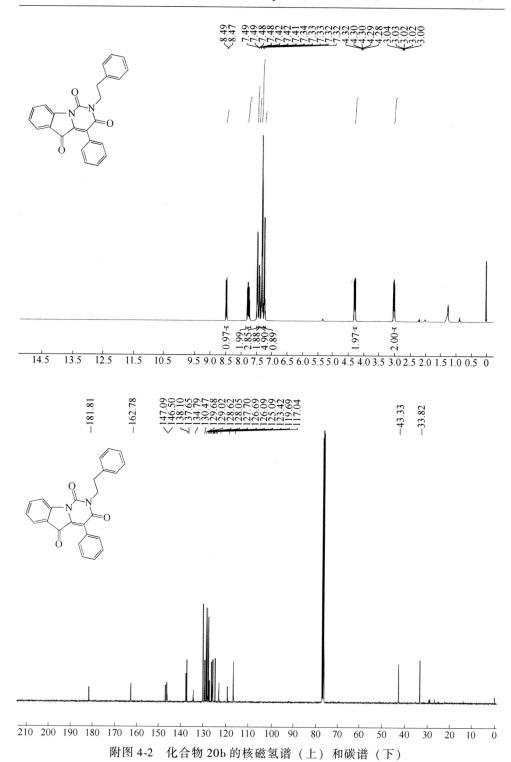

附图 4-2　化合物 20b 的核磁氢谱（上）和碳谱（下）

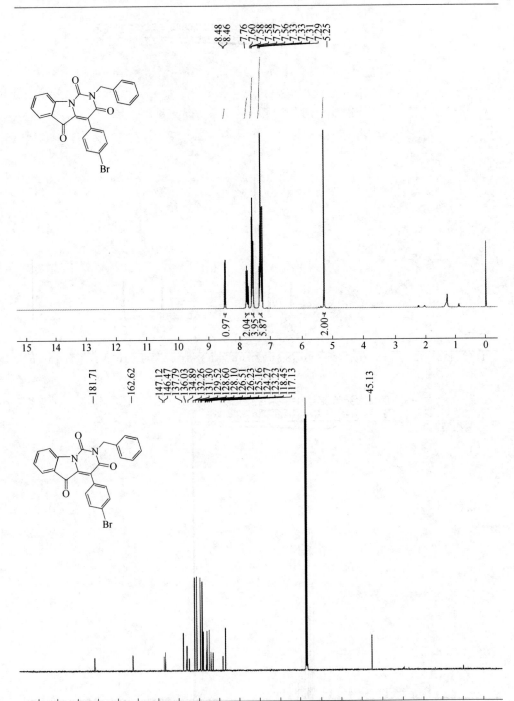

附图 4-3　化合物 20c 的核磁氢谱（上）和碳谱（下）

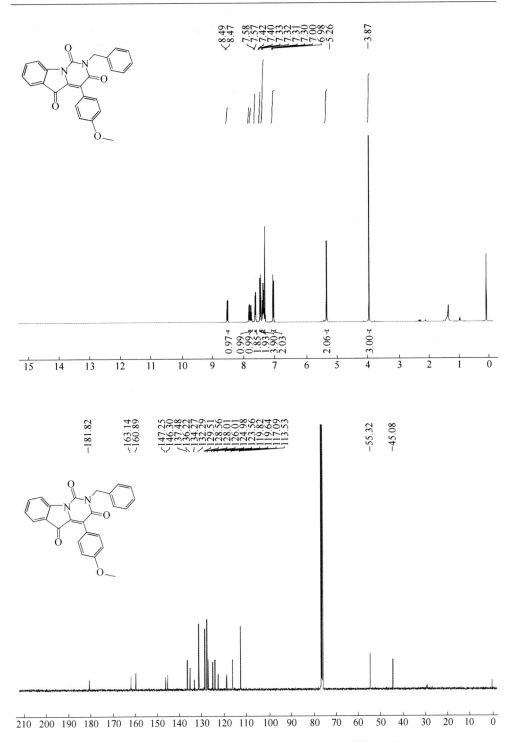

附图 4-4　化合物 20d 的核磁氢谱（上）和碳谱（下）

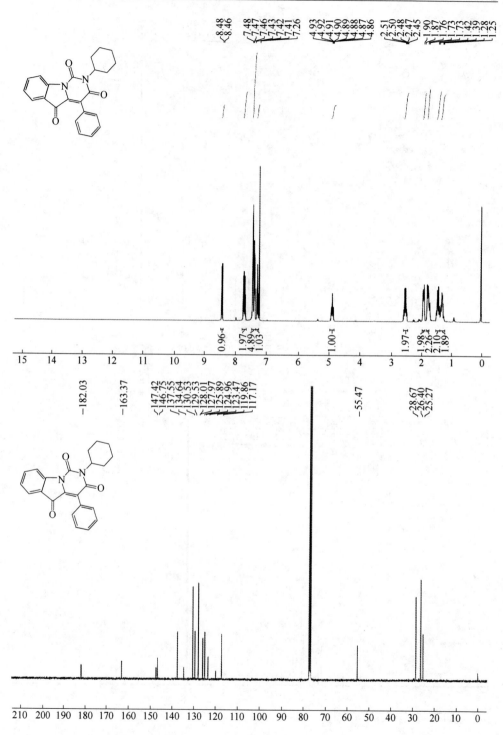

附图 4-5　化合物 20e 的核磁氢谱（上）和碳谱（下）

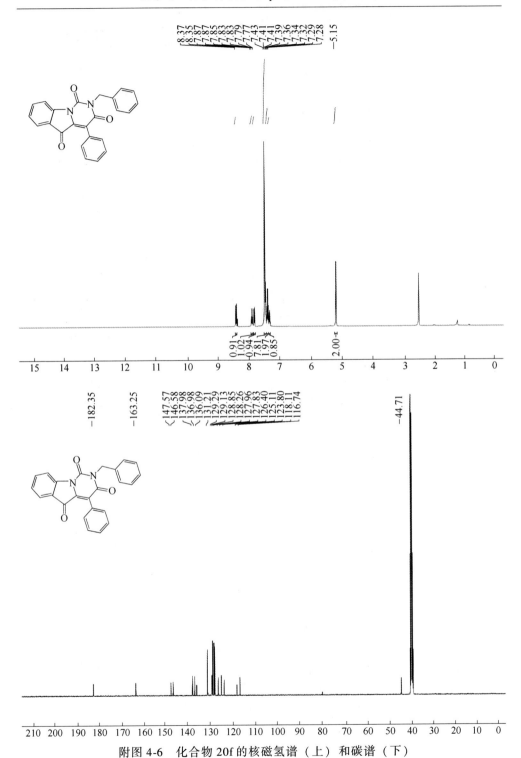

附图 4-6 化合物 20f 的核磁氢谱（上）和碳谱（下）

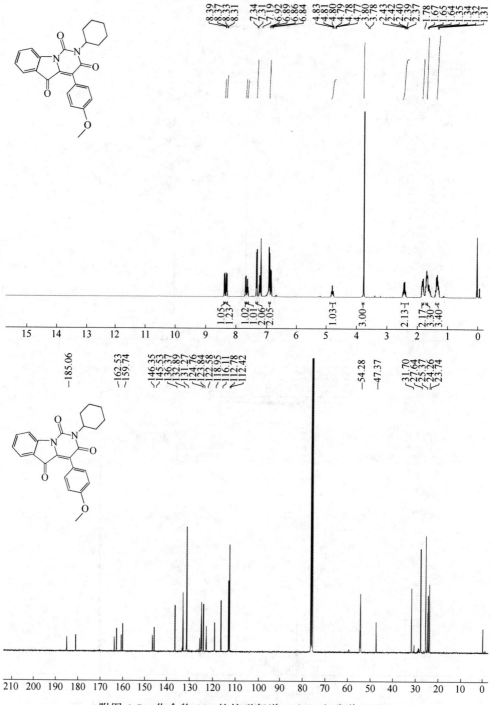

附图 4-7　化合物 20g 的核磁氢谱（上）和碳谱（下）

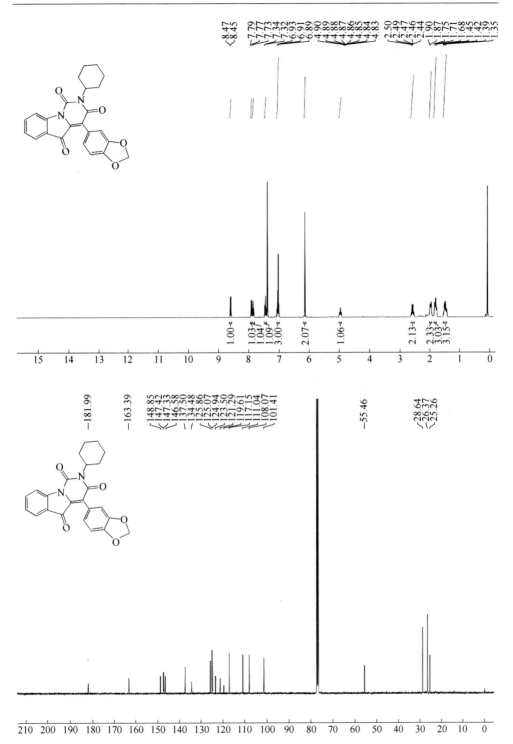

附图 4-8　化合物 20h 的核磁氢谱（上）和碳谱（下）

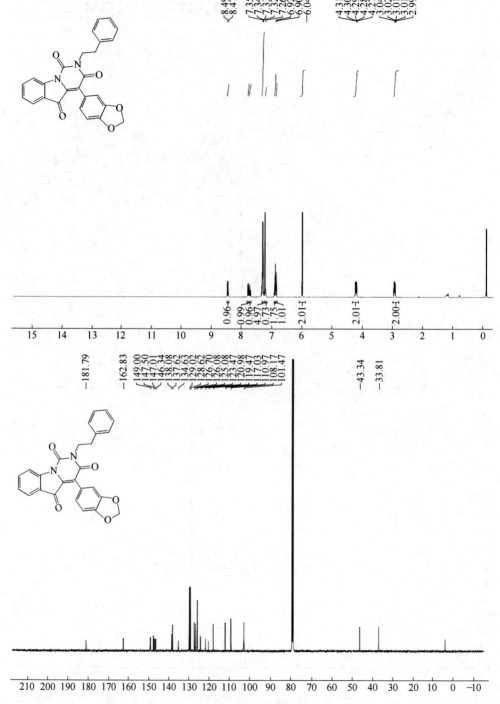

附图 4-9　化合物 20i 的核磁氢谱（上）和碳谱（下）

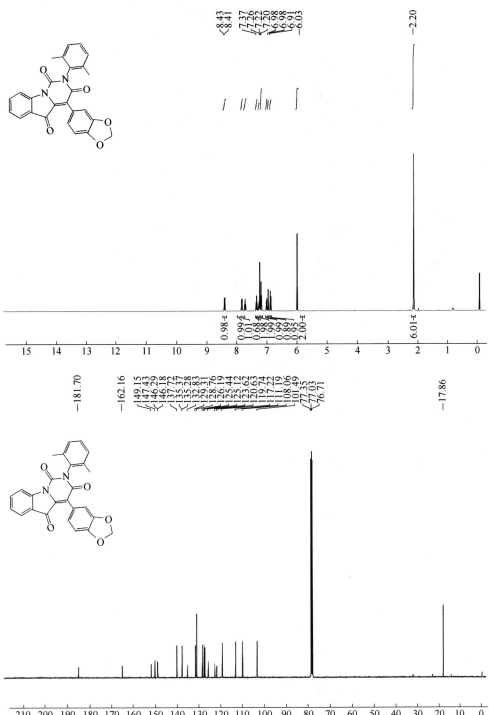

附图 4-10　化合物 20j 的核磁氢谱（上）和碳谱（下）

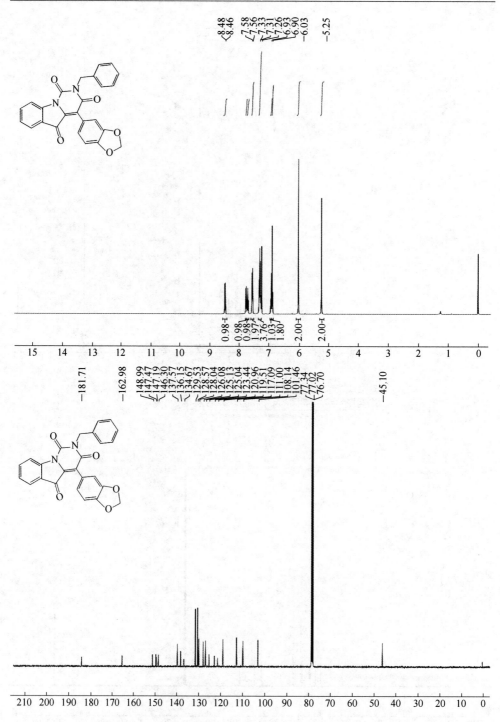

附图 4-11　化合物 20k 的核磁氢谱（上）和碳谱（下）

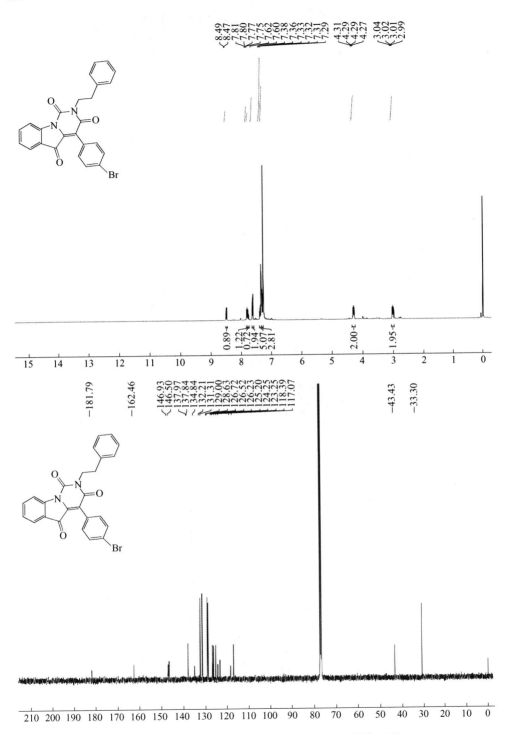

附图 4-12　化合物 20l 的核磁氢谱（上）和碳谱（下）

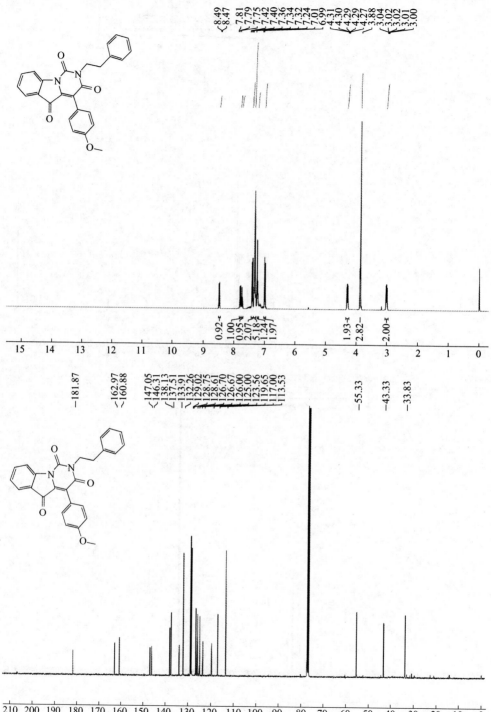

附图 4-13　化合物 20m 的核磁氢谱（上）和碳谱（下）

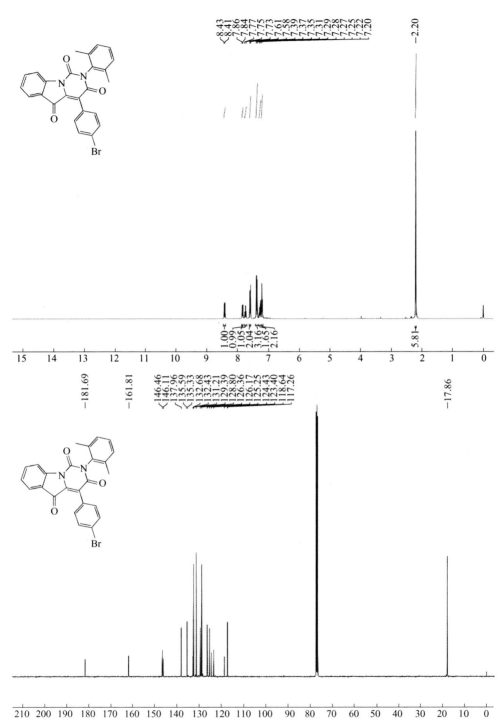

附图 4-14　化合物 20n 的核磁氢谱（上）和碳谱（下）

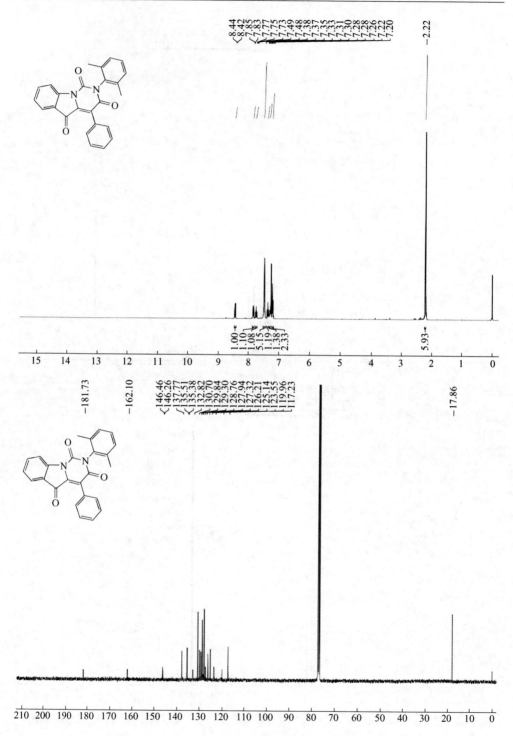

附图 4-15　化合物 20o 的核磁氢谱（上）和碳谱（下）

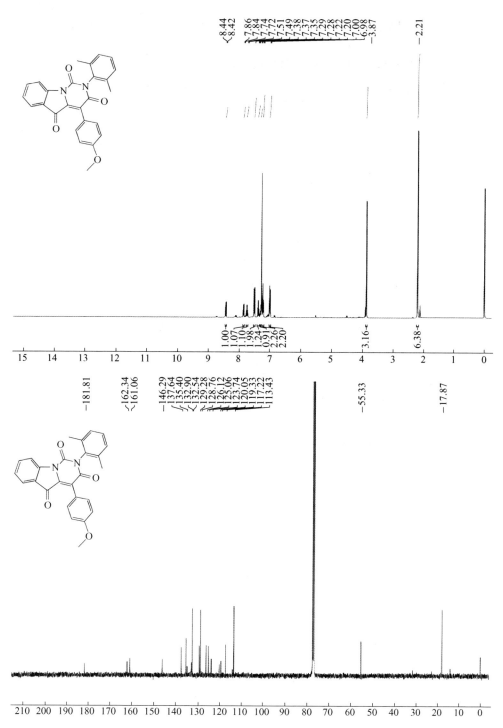

附图 4-16　化合物 20p 的核磁氢谱（上）和碳谱（下）

附录 5　化合物 32a ~ 32f 的核磁氢谱和碳谱

化合物 32a ~ 32f 的核磁氢谱和碳谱如附图 5-1 ~ 附图 5-6 所示。

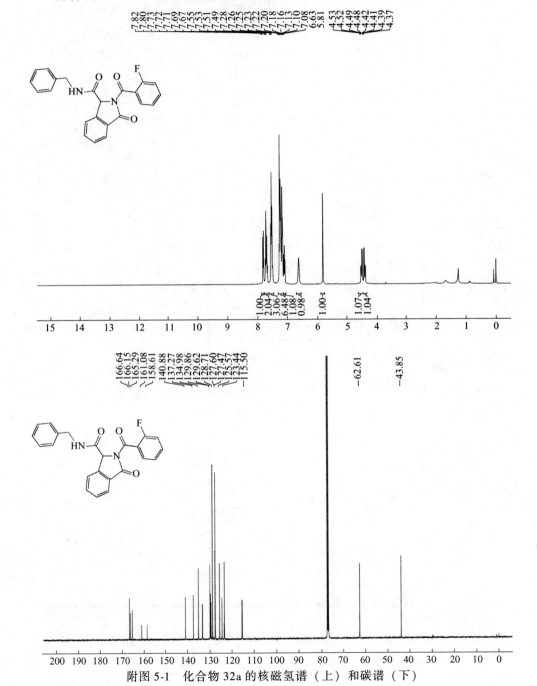

附图 5-1　化合物 32a 的核磁氢谱（上）和碳谱（下）

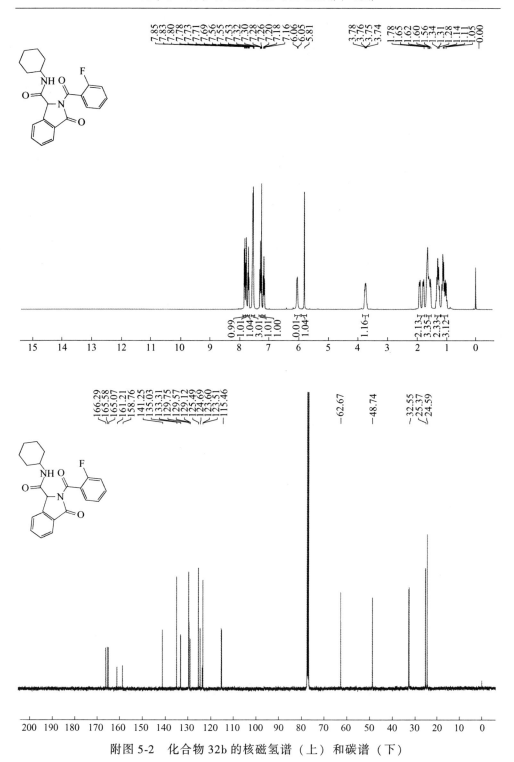

附图 5-2　化合物 32b 的核磁氢谱（上）和碳谱（下）

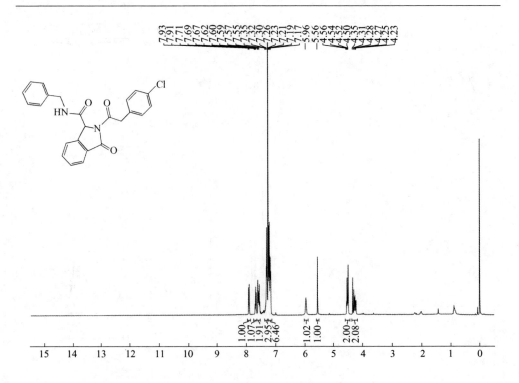

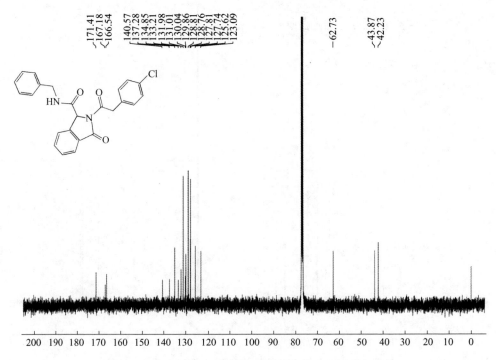

附图 5-3　化合物 32c 的核磁氢谱（上）和碳谱（下）

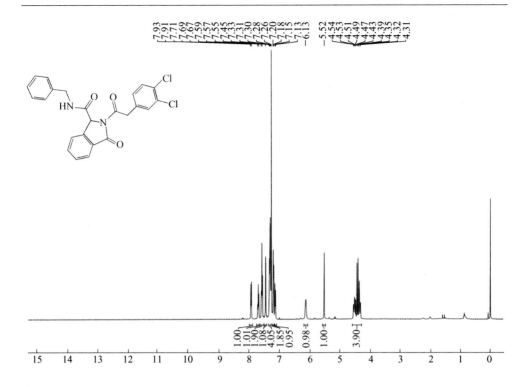

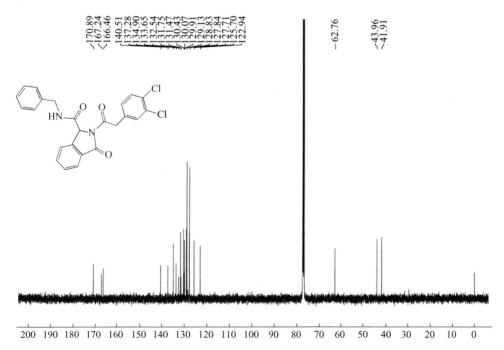

附图 5-4　化合物 32d 的核磁氢谱（上）和碳谱（下）

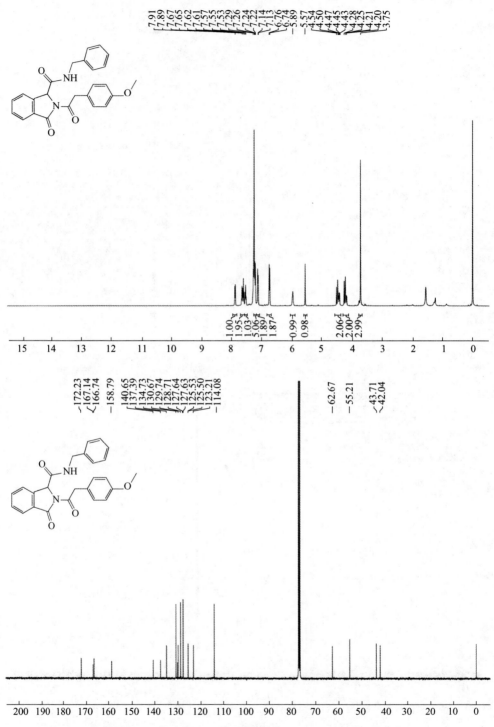

附图 5-5　化合物 32e 的核磁氢谱（上）和碳谱（下）

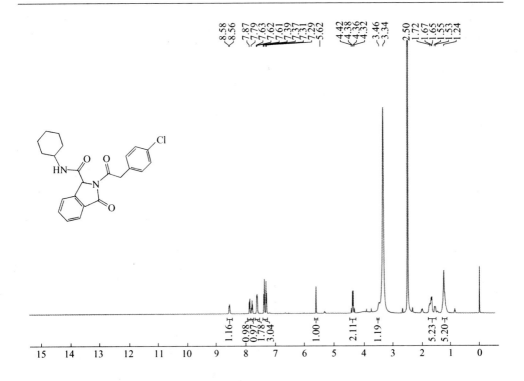

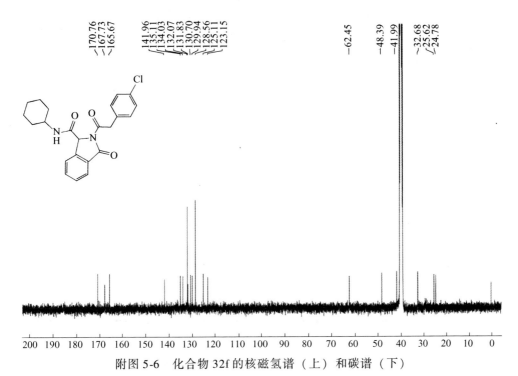

附图 5-6　化合物 32f 的核磁氢谱（上）和碳谱（下）

附录 6　化合物 33a ~ 33h 的核磁氢谱和碳谱

化合物 33a ~ 33h 的核磁氢谱和碳谱如附图 6-1 ~ 附图 6-8 所示。

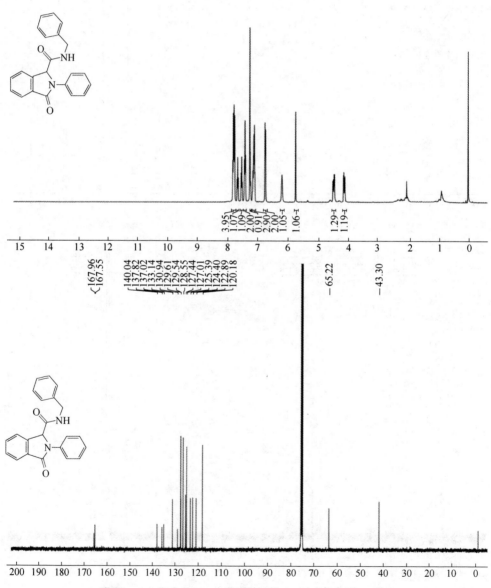

附图 6-1　化合物 33a 的核磁氢谱（上）和碳谱（下）

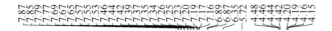

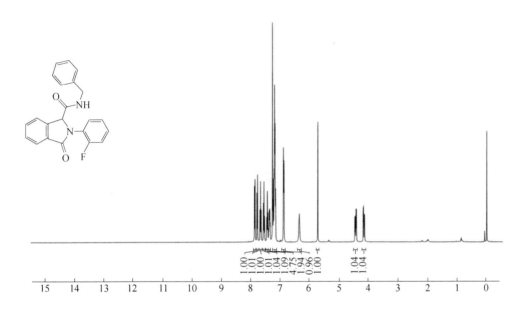

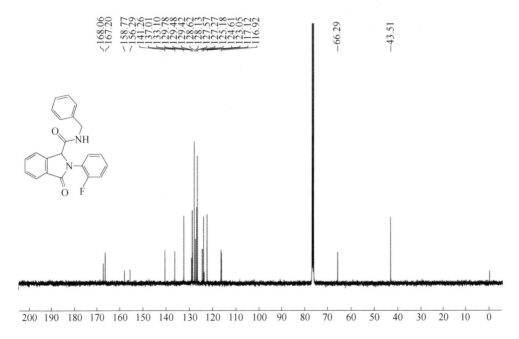

附图 6-2 化合物 33b 的核磁氢谱（上）和碳谱（下）

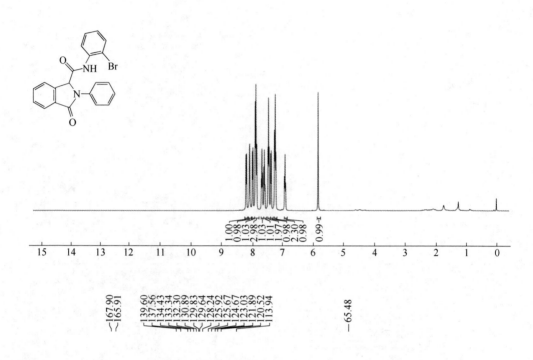

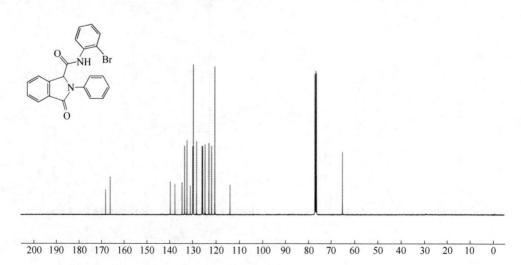

附图 6-3　化合物 33c 的核磁氢谱（上）和碳谱（下）

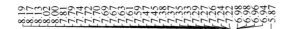

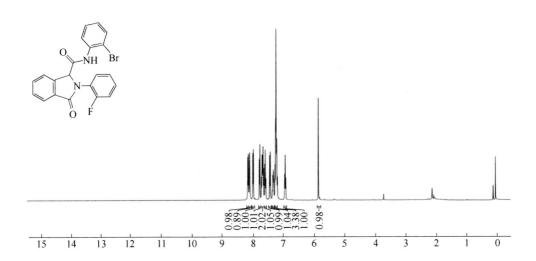

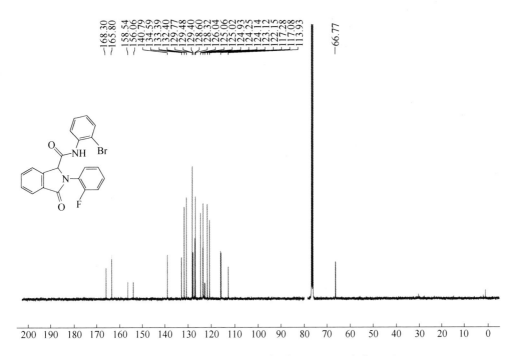

附图 6-4　化合物 33d 的核磁氢谱（上）和碳谱（下）

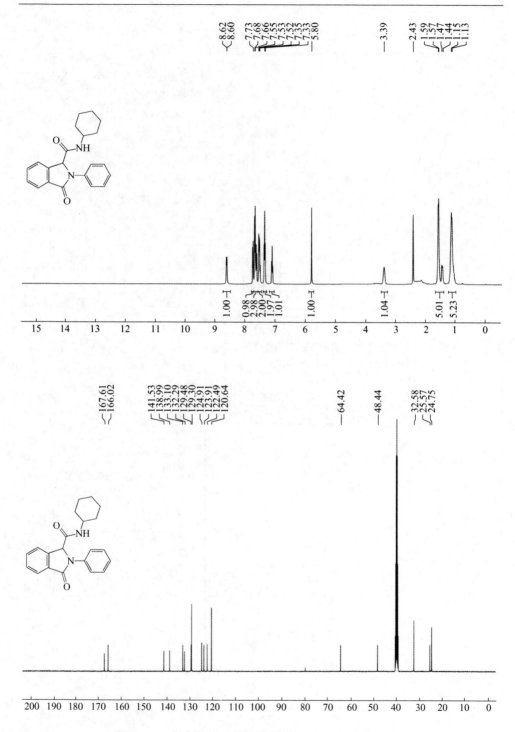

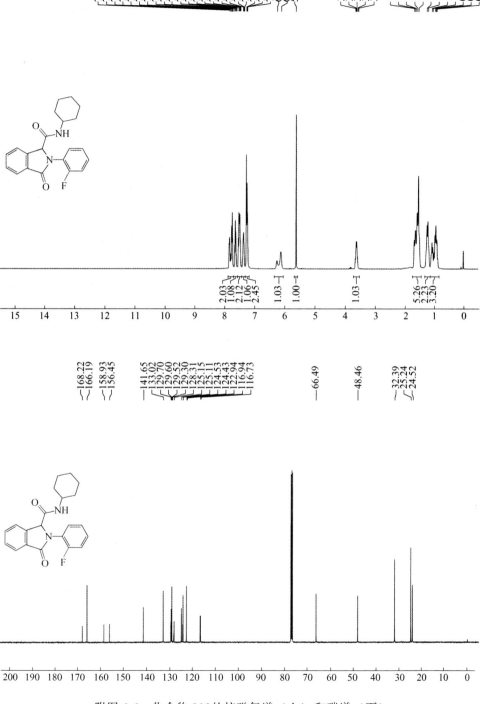

附图 6-6   化合物 33f 的核磁氢谱（上）和碳谱（下）

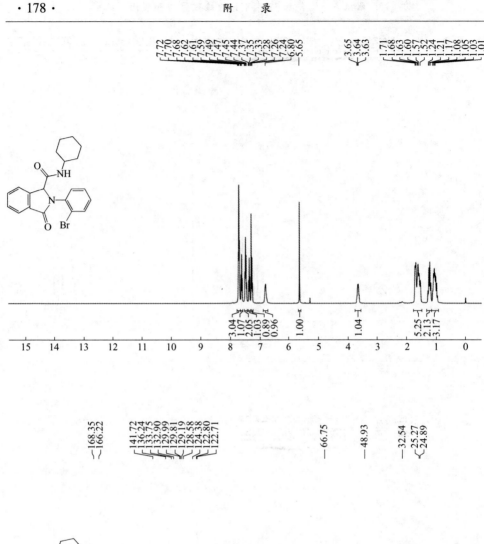

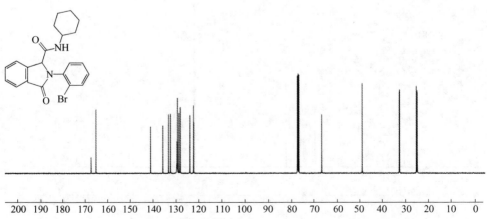

附图 6-7　化合物 33g 的核磁氢谱（上）和碳谱（下）

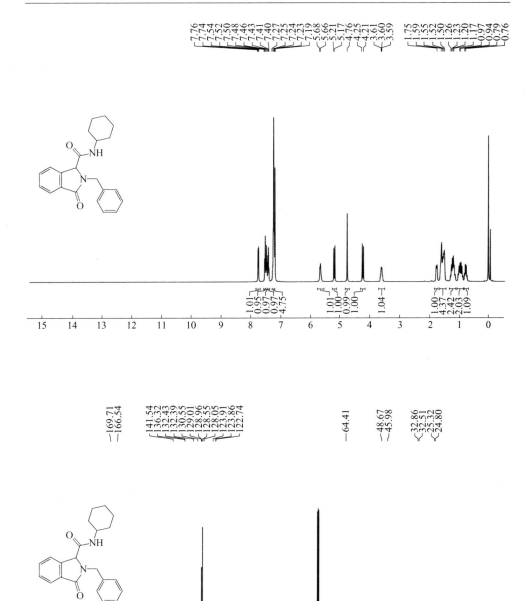

附图 6-8　化合物 33h 的核磁氢谱（上）和碳谱（下）

附录 7　化合物 34a～34h 的核磁氢谱和碳谱

化合物 34a～34h 的核磁氢谱和碳谱如附图 7-1～附图 7-8 所示。

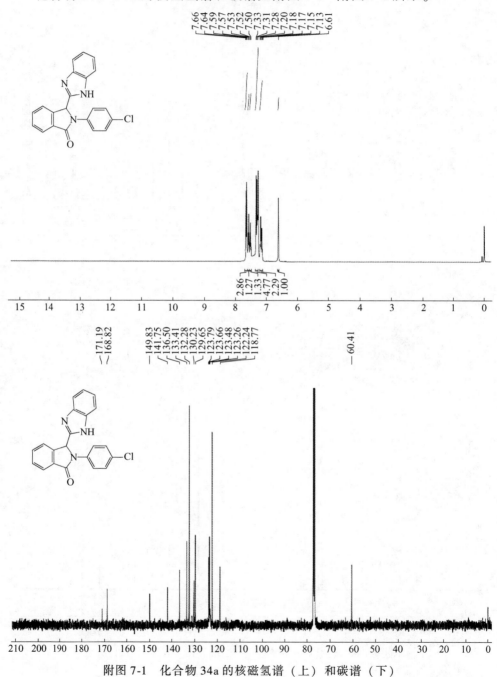

附图 7-1　化合物 34a 的核磁氢谱（上）和碳谱（下）

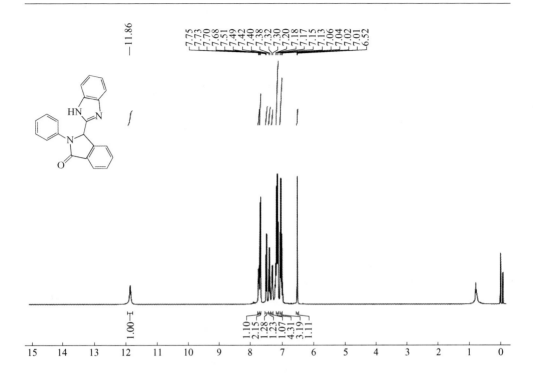

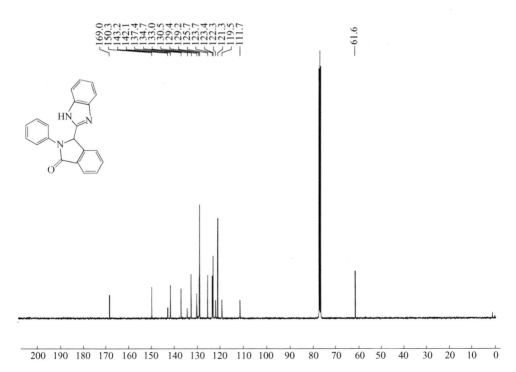

附图 7-2　化合物 34b 的核磁氢谱（上）和碳谱（下）

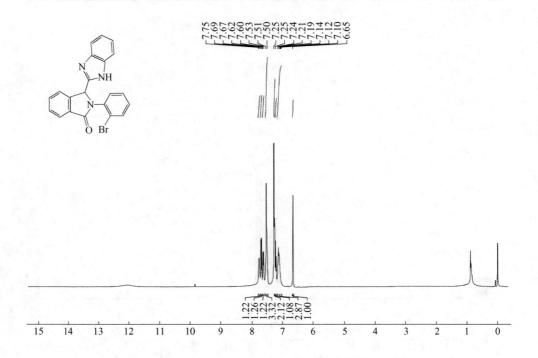

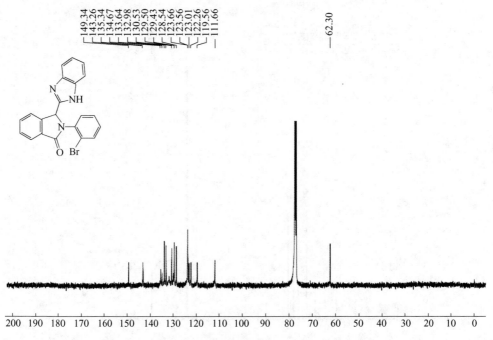

附图 7-3　化合物 34c 的核磁氢谱（上）和碳谱（下）

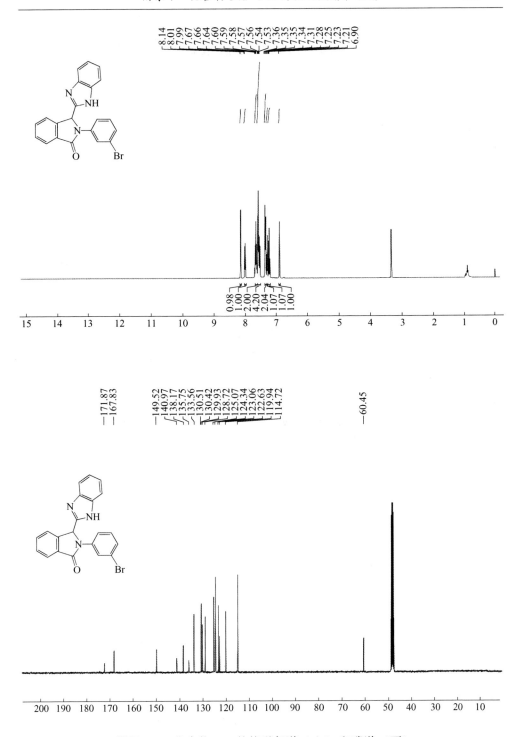

附图 7-4　化合物 34d 的核磁氢谱（上）和碳谱（下）

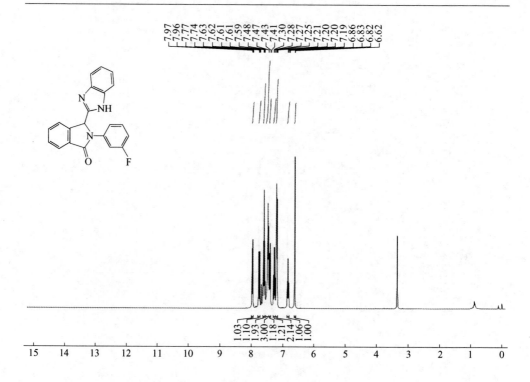

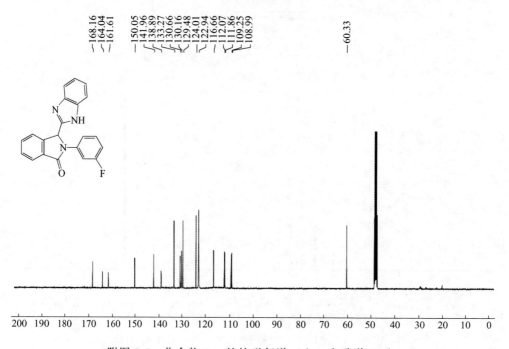

附图 7-5　化合物 34e 的核磁氢谱（上）和碳谱（下）

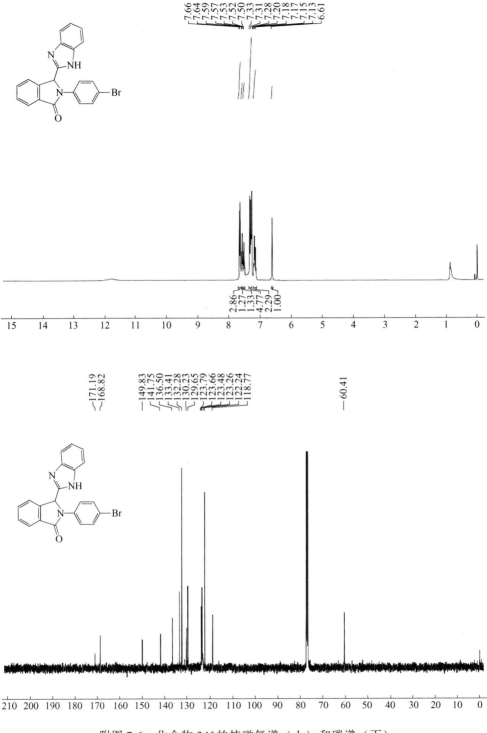

附图 7-6　化合物 34f 的核磁氢谱（上）和碳谱（下）

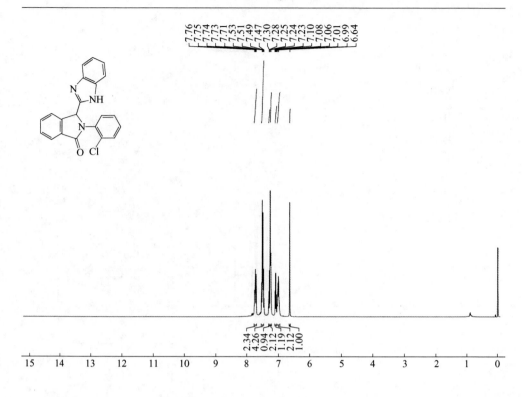

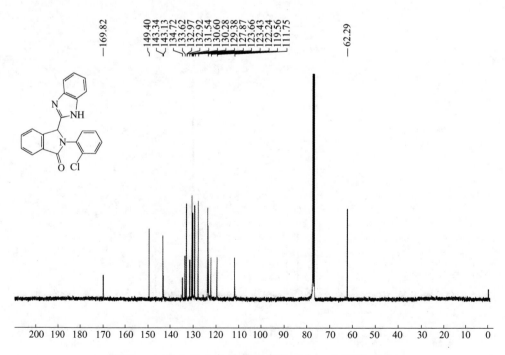

附图 7-7 化合物 34g 的核磁氢谱（上）和碳谱（下）

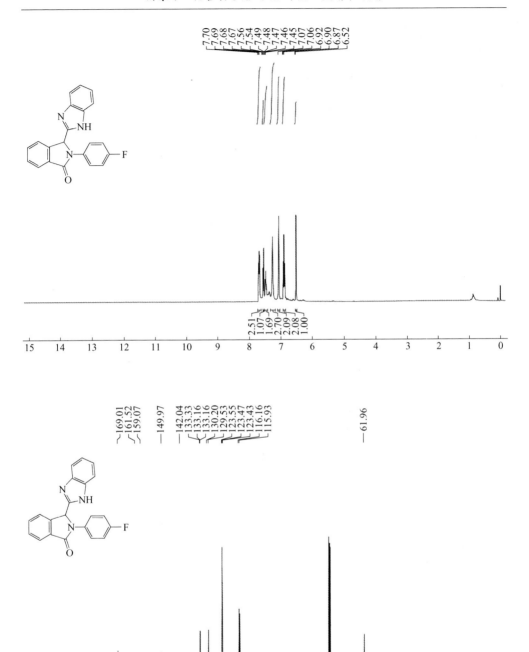

附图 7-8　化合物 34h 的核磁氢谱（上）和碳谱（下）

附录 8　化合物 35a～35d 的核磁氢谱和碳谱

化合物 35a～35d 的核磁氢谱和碳谱如附图 8-1～附图 8-4 所示。

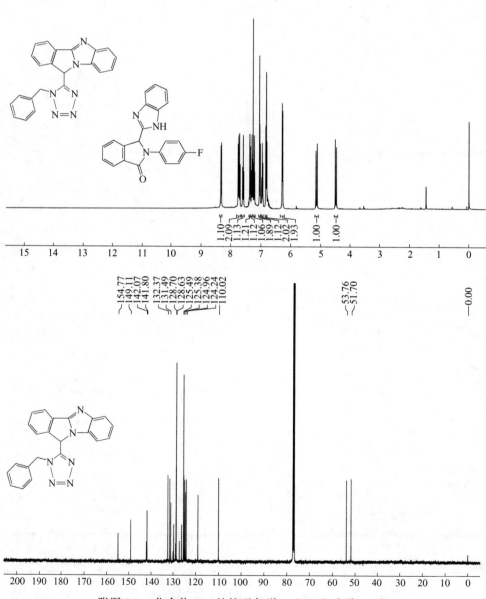

附图 8-1　化合物 35a 的核磁氢谱（上）和碳谱（下）

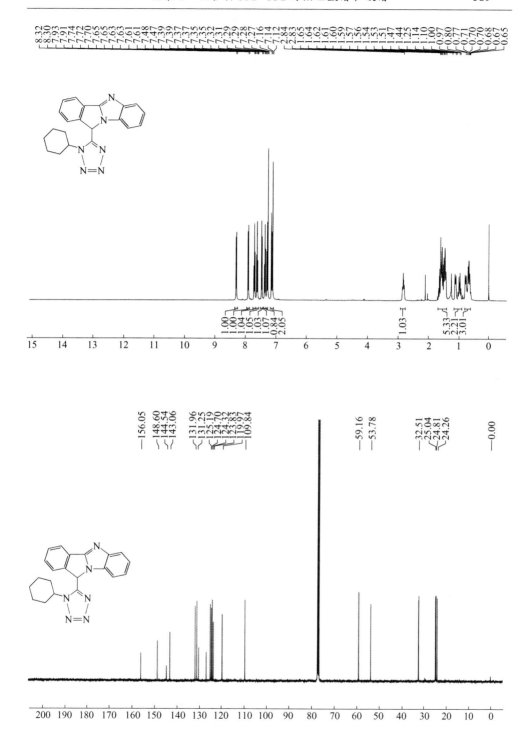

附图 8-2　化合物 35b 的核磁氢谱（上）和碳谱（下）

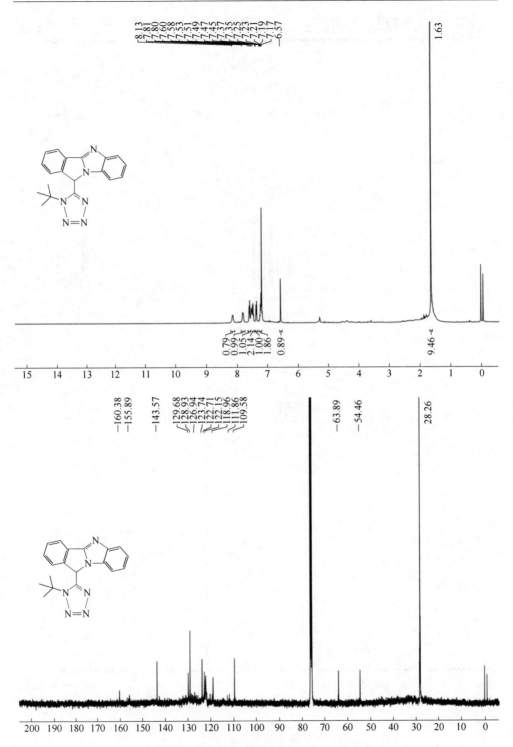

附图 8-3　化合物 35c 的核磁氢谱（上）和碳谱（下）

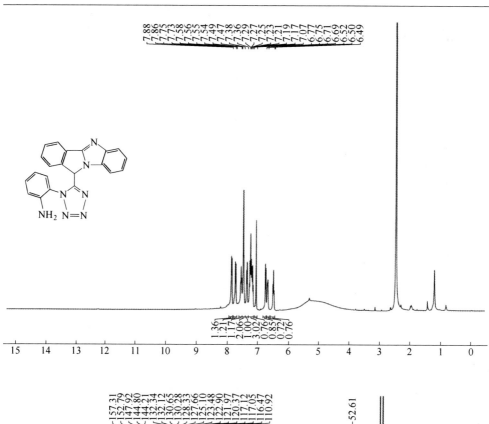

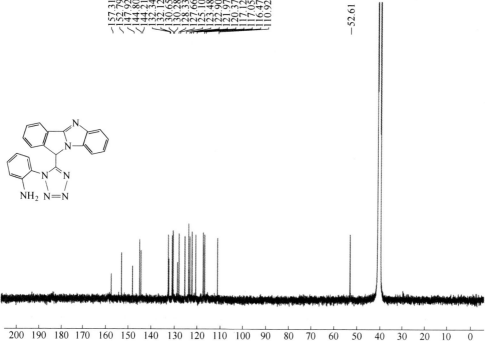

附图 8-4　化合物 35d 的核磁氢谱（上）和碳谱（下）

附录 9　化合物 52a~52l 的核磁氢谱和碳谱

化合物 52a~52l 的核磁氢谱和碳谱如附图 9-1~附图 9-12 所示。

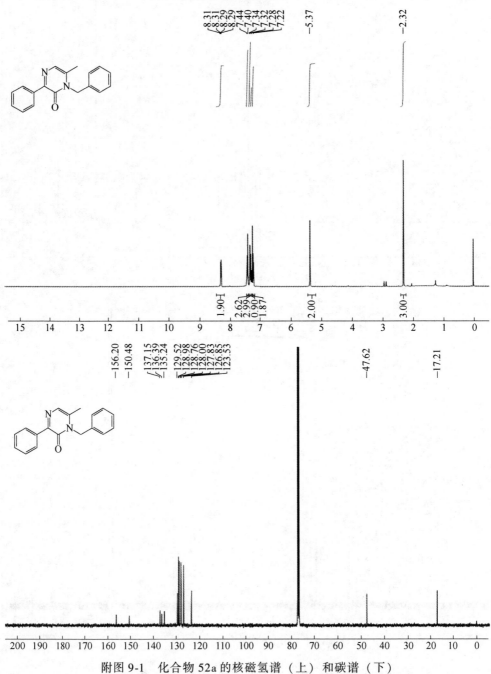

附图 9-1　化合物 52a 的核磁氢谱（上）和碳谱（下）

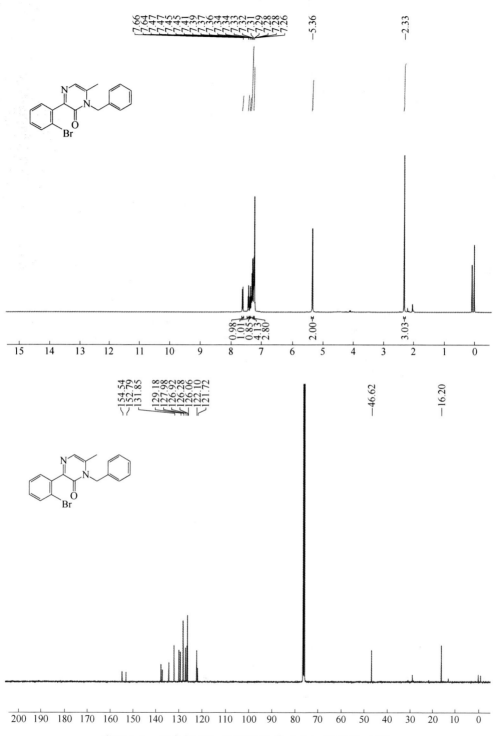

附图 9-2　化合物 52b 的核磁氢谱（上）和碳谱（下）

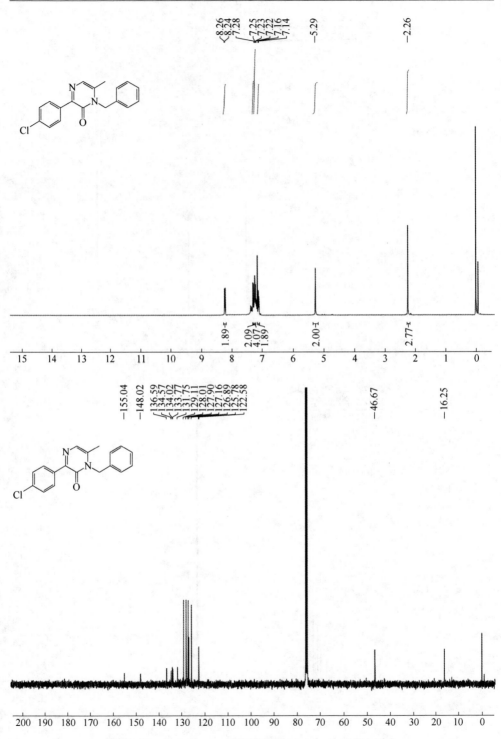

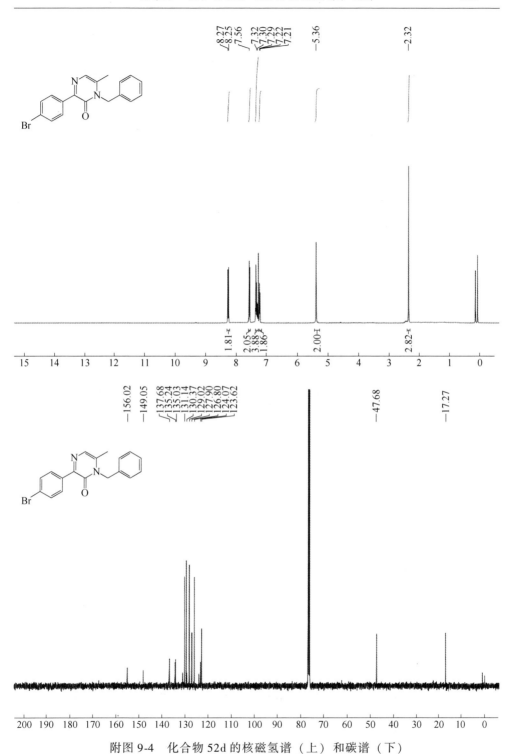

附图 9-4　化合物 52d 的核磁氢谱（上）和碳谱（下）

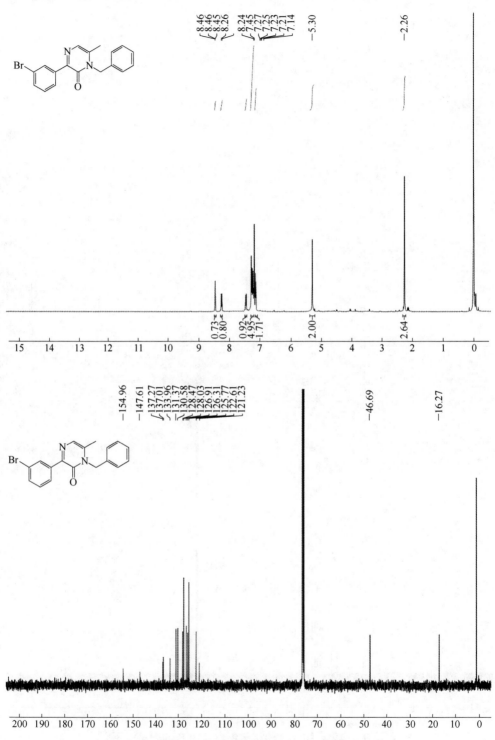

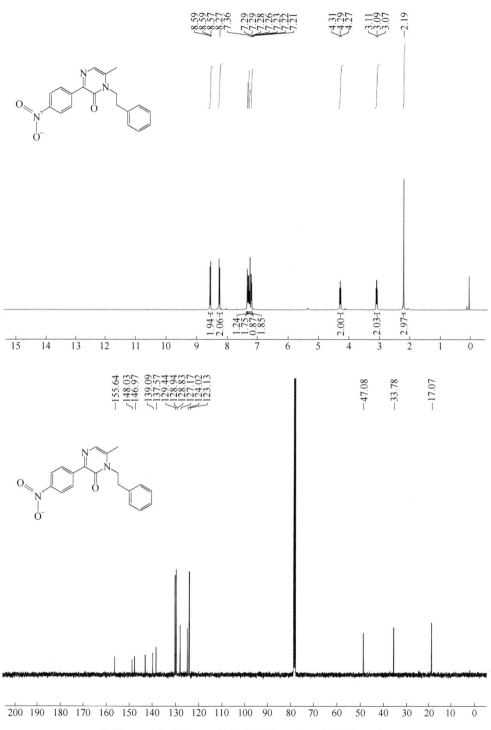

附图 9-6 化合物 52f 的核磁氢谱（上）和碳谱（下）

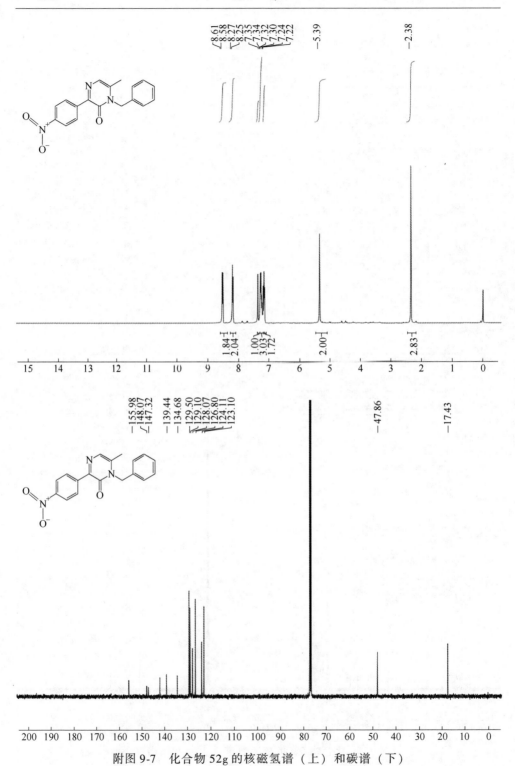

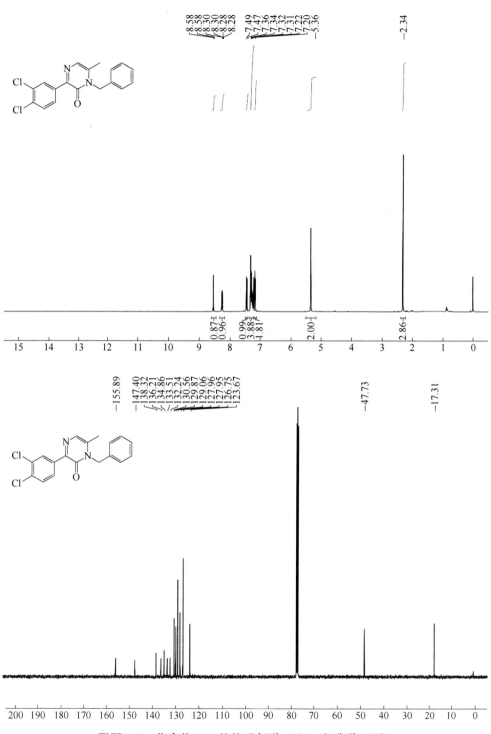

附图 9-8　化合物 52h 的核磁氢谱（上）和碳谱（下）

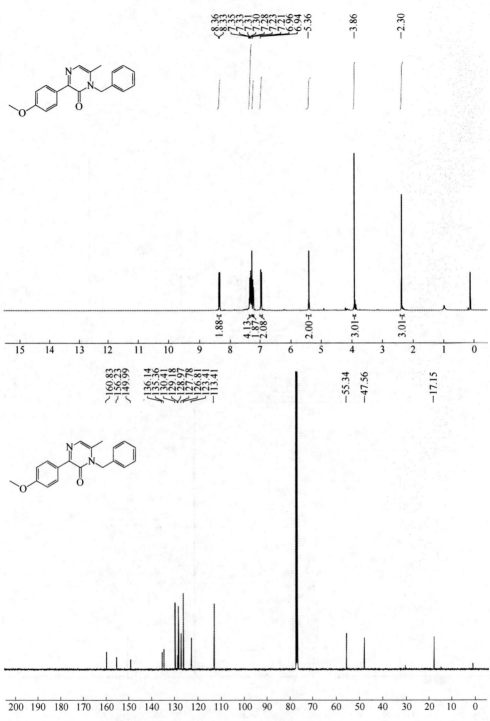

附图 9-9　化合物 52i 的核磁氢谱（上）和碳谱（下）

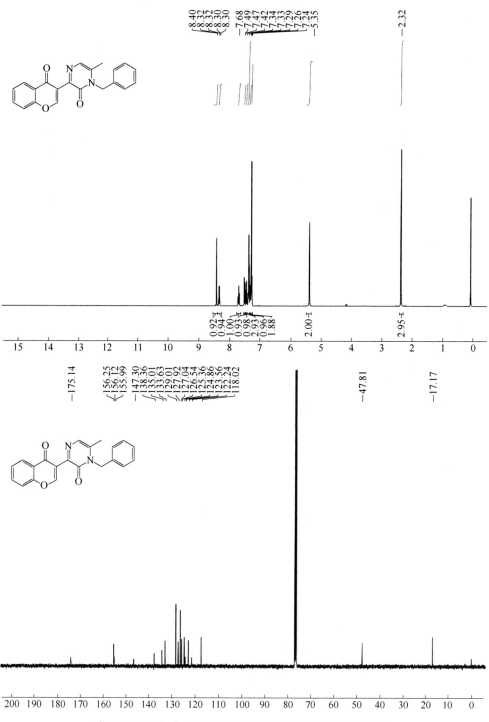

附图 9-10　化合物 52j 的核磁氢谱（上）和碳谱（下）

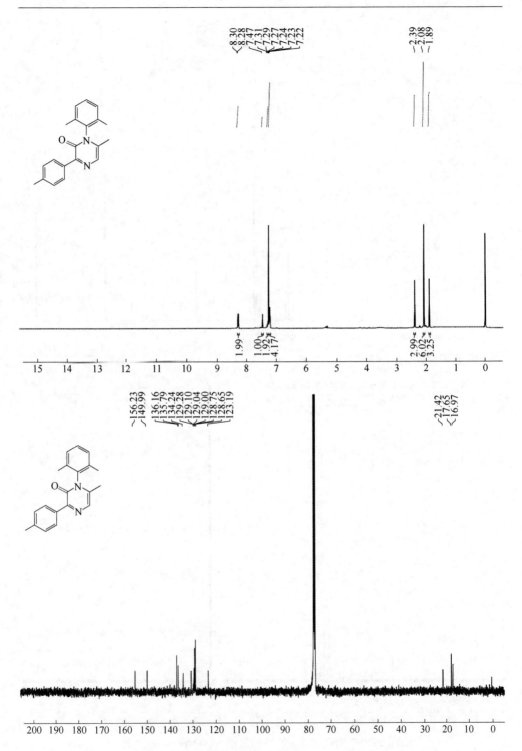

附图 9-11　化合物 52k 的核磁氢谱（上）和碳谱（下）

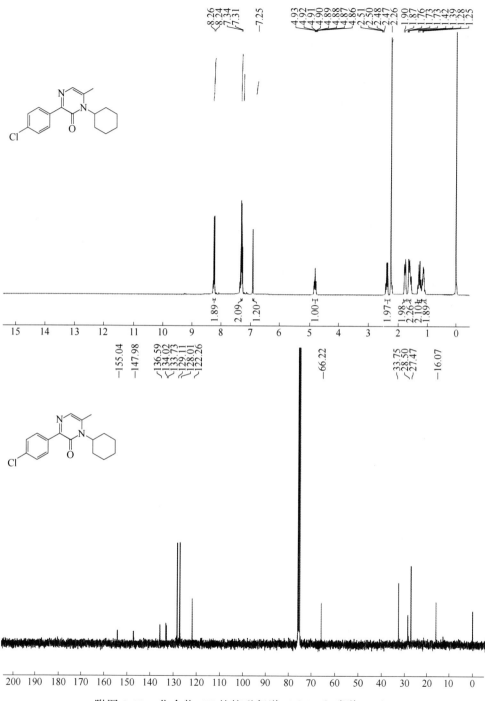

附图 9-12　化合物 52l 的核磁氢谱（上）和碳谱（下）